长江上游重点产沙区产输沙变化

周银军　金中武　李志晶　郭超　陈鹏 等　著

中国水利水电出版社
www.waterpub.com.cn
·北京·

内 容 简 介

长江上游是我国重要生态屏障和长江经济带的重要组成部分,幅员辽阔、地形复杂,区域侵蚀过程与当地经济社会发展、生态环境演化、人口生存发展等诸多问题息息相关。受气候变化以及水库建设、水土保持等人类活动影响,长江上游产输沙特征近年发生较大变化,直接影响三峡水库的入库泥沙条件和区域物质输移。本书对长江上游近年来重点产沙区产输沙特征与机理进行了研究,分析预测了三峡水库入库沙量与变化趋势。相关成果可供水沙运动基础理论研究及水利工程设计运行等工作参考。

本书可供广大水利工作者、工程技术人员、科学研究人员和高等院校师生参考。

图书在版编目（ＣＩＰ）数据

长江上游重点产沙区产输沙变化 / 周银军等著. --
北京 ： 中国水利水电出版社，2022.12
ISBN 978-7-5226-1168-6

Ⅰ．①长… Ⅱ．①周… Ⅲ．①长江－上游－含沙水流
－泥沙运动－研究 Ⅳ．①TV152

中国版本图书馆CIP数据核字(2022)第243952号

书　　名	**长江上游重点产沙区产输沙变化** CHANG JIANG SHANGYOU ZHONGDIAN CHANSHAQU CHAN-SHUSHA BIANHUA
作　　者	周银军　金中武　李志晶　郭超　陈鹏 等著
出版发行	中国水利水电出版社 （北京市海淀区玉渊潭南路1号D座　100038） 网址：www.waterpub.com.cn E-mail：sales@mwr.gov.cn 电话：(010) 68545888（营销中心）
经　　售	北京科水图书销售有限公司 电话：(010) 68545874、63202643 全国各地新华书店和相关出版物销售网点
排　　版	中国水利水电出版社微机排版中心
印　　刷	北京中献拓方科技发展有限公司
规　　格	184mm×260mm　16开本　9.75印张　237千字
版　　次	2022年12月第1版　2022年12月第1次印刷
定　　价	**62.00 元**

　　长江上游地跨我国一级和二级阶梯，地形陡峻、侵蚀强烈，贡献着长江流域绝大部分的来沙，其产输沙过程影响着流域控制性防洪工程——三峡水库的长期使用，因此历来是研究的热点。近年，受气候变化和人类活动的影响，长江上游输沙情势发生了明显的变化：其输沙量由多年平均的 5 亿 t 左右减少至近年的 1 亿 t 左右。其中，相当大的权重是水库群拦沙作用，但也不可否认其流域产沙也发生了一定的变化。对于工程界而言，一方面因当前来沙少而水库淤积压力骤减，另一方面由于近年来沙变幅加大而使掌握产沙变化、预测未来沙量更为重要也更为急迫。但是，长江上游流域面积约 100 万 km²，区域内地形地貌复杂、气候多变，加之人类活动的增多，其流域产输沙过程极难掌握。

　　本书首先基于三峡入库泥沙的来源组成，辨析现阶段长江上游的重点来沙区，而后针对各重点来沙区，分析其侵蚀状况和产沙变化，研究输沙量变化规律和主要影响因子，最后基于水库拦沙率计算各水系最下一级控制性水库的出库沙量变化、估算未控区间的产沙量，进而得到三峡水库的入库沙量变化趋势。期望可以借助本研究成果掌握长江上游流域产沙的主要影响因素和作用机制，揭示三峡水库上游输沙量变化过程，从而对三峡工程等梯级水库的泥沙淤积和科学调度、长江流域泥沙输移过程机制研究、水土保持和水库淤积等本底调查有重大的应用价值，也对掌握整个流域地貌过程演化有重要的科学意义。

　　本书第 1 章介绍了长江上游干支流自然条件和人类活动基本情况，第 2 章辨析了现阶段长江上游的重点产沙区并揭示了产沙调查基本方法，第 3 章分析了金沙江下游产沙特征，第 4 章分析了川江上段及支流重点产沙区的产沙特征与机理，第 5 章研究了金沙江下游、嘉陵江、岷江输沙量的变化规律与机制，第 6 章分析预测了三峡水库入库沙量。

　　本书的研究工作得到了国家重点研发计划项目课题"山区暴雨山洪水沙灾害风险动态评估与预警技术"（2019YFC1510704）、国家自然科学基金重点项目"长江源区游荡型河流水沙相互作用与河床演变机制研究"（52239007）、长江科学院院级创新团队"青藏高原河湖研究"项目、三峡水库科学调度技术研究项目"三峡水库及上游区间产沙和三库联合优化调度条件下三峡水库及坝下游泥沙冲淤研究"的资助，特此致谢！

在野外调查和数据收集过程中，得到了中国科学院成都山地灾害与环境研究所、中国长江三峡集团有限公司、长江水利委员会水文局、福建农林大学等单位的大力支持，在此深表感谢！中国科学院成都山地灾害与环境研究所苏凤环副研究员、严坤博士、刘斌涛助理研究员，中国长江三峡集团有限公司刘亮工程师，福建农林大学林勇明副教授深度参与我们的野外调查工作，对此表示衷心感谢，同时感谢周森、吕超楠、李秋荔等长江科学院研究生的大力帮助和辛苦工作。

本书各章主要撰写人员如下：第1章由周银军、金中武编写，第2章由周银军、李志晶编写，第3章由郭超、朱帅编写，第4章由李志晶、朱帅编写，第5章由金中武、周银军编写，第6章由金中武、郭超、陈鹏编写。全书由周银军、李志晶统稿。

限于作者水平与经验，书中难免有疏漏与不足之处，恳请读者批评指正！

作者

2022年7月

目录
CONTENTS

第1章 绪 论

1.1 河道基本情况

长江是世界第三长河流，干流全长 6300 余 km，流域面积约 180 万 km²。长江从源头至宜昌段为上游，长约 4540km，约占总长的 70%。上游干流流经青、藏、滇、川、鄂、渝 6 省（自治区、直辖市），流域范围涉及青、藏、滇、甘、川、陕、渝、鄂、黔 9 个省（自治区、直辖市）54 个市（州）323 个县，流域面积约 100 万 km²，约占整个长江流域面积的 56%。

长江上游河道河段落差较大，地形变化也大：西部及西北部为青藏高原和横断山脉纵深谷地，边缘有岷山、邛崃山、大相岭诸山；东北部及东部有大巴山、巫山；西南部及南部为云贵高原及其东侧的斜坡地带。长江上游水系发育，流域面积在 1000km² 以上的一级支流有 24 条，300km² 以上的二、三级支流有百条以上（金中武 等，2021）。支流在两岸分布不均，左岸大支流有岷江、沱江、嘉陵江，右岸大支流有乌江、赤水河等（图 1.1）。

1.1.1 长江上游干流

1.1.1.1 江源

江源，即长江的源头，也即通天河的几个源头，在青藏高原腹地昆仑山脉和唐古拉山脉之间。这里地势高亢，空气稀薄，气候恶劣，交通险阻，人迹罕至。长江三源的北源楚玛尔河、正源沱沱河、南源当曲，都发源于此。当曲与沱沱河汇合后的河段，人们称之为通天河。通天河流经青海省玉树藏族自治州，这里日照充足，空气清新，河畔有绿茵茵的开阔草滩，是长江流域的重要畜牧区。

长江源地区景观壮丽，雪山冰峰，无垠草地，蓝天白云倒映在河水中，令人心旷神怡。长江源头保护区与可可西里自然保护区是交叉关系，它的西部属于可可西里保护区和唐古拉山镇。就水量而言，三大源头中当曲的水量最大，且长度最长。

长江上游江源水系的正源沱沱河发源于唐古拉山脉各拉丹冬雪山西南侧姜根迪如冰川，雪线海拔 5820m。流经 346km 的高原河道，与南源当曲在囊极巴陇汇合。然后流经长 278km 的通天河上段，与北源楚玛尔河汇合，再流经长 550km 的通天河下段，直至玉树巴塘河口。自源头至楚玛尔河沿水文站称为江源段，再加上通天河下段及其全部支流，构成江源水系。

图1.1 长江上游水系分布示意图

1. 沱沱河

沱沱河亦作托托河，亦称乌兰木伦河，蒙古语意为"红河"。沱沱河位于中国青海省西南部，是可可西里区域的南方底部之一，发源于唐古拉山脉主峰各拉丹东西南侧姜根迪如雪山的冰川，冰川尾端海拔近 5500m。

沱沱河全长 346km，水流有东、西两支。东支出唐古拉山脉各拉丹冬雪山群西南后，由两条长度分别为 12.8km 和 10.3km 的大冰川绕行于海拔 6371m 的姜根迪如峰南北侧，两冰川融水出山后，分别流经 3.8km 和 3.5km，汇合成为东支水流。西支出自尕恰迪如岗雪山群，由主峰东南侧长 8km 的冰川，与其他冰川融水汇合，成为西支水流。两支水流汇合后流经长 15km、宽 3km 的冰川槽谷河段，称为纳钦曲。以上就是长江正源的源头水流。

沱沱河流域处于西风带内，冬半年盛行西风。每年 11 月至次年 3 月为风季。沱沱河沿水文站年平均风速 3.9m/s，最大风速约 40m/s，相当于 12 级风力。6 级以上大风年平均 74.5 天，占全年刮风日数 72%。1972 年 6 级以上大风达 134 天。每年 1—5 月多沙尘暴，1966 年 3 月沱沱河沿站附近刮沙尘暴达 12 天之久。由于海拔高，气压较低，空气含氧量仅为海平面含氧量的 43%。

流域内气候干旱、降水量少。据实测资料统计，沱沱河沿站年平均降水量 283.1mm，月最大降水量 174mm（1972 年 7 月），日最大降水量 34.4mm（1963 年 7 月 17 日），降水集中在 7 月、8 月、9 月，7 月最大，5—9 月降水量占年降水量的 85%～96.7%。在年平均降水日（98.7 天）中有 57.9 天为降雪。年平均雷暴天气有 58.2 天；年平均冰雹日 18.4 天，最多时 30 天，集中在 6—9 月。年蒸发量为 1 170.8～1 660.8mm。

沱沱河多宽浅河段，故多散流、漫流、支汊、串沟，水浅、流速不大。沱沱河沿水文站控制集水面积 15924km²，年平均降水量 283.1mm，平均年径流深 51.9mm，实测最大流量 750m³/s，最小流量 0，多年平均流量 26.2m³/s，多年平均年径流量 8.26 亿 m³。囊极巴陇沱沱河口以上集水面积 17616km²。据青海省水文总站推算，沱沱河口多年平均流量 29.1m³/s，多年平均年径流量 9.18 亿 m³。沱沱河年径流量约占通天河玉树直门达水文站年径流量的 7.7%。

1978 年，长江江源考察队曾在沱沱河一些地区施测水位、流速、流量：7 月 10 日 17 时测得沱沱河口流量 35.4m³/s，断面面积 42.1m²，水面宽 61 m，7 月 23 日测得姜根迪如峰北侧冰川水流平均流速 1.14m/s，平均水深 0.4m，水面宽 5m，流量 2.28m³/s；7 月 24 日测得南侧冰川水流平均流速 0.88m/s，平均水深 0.40m，水面宽 14m，流量 4.97m³/s；7 月 18 日在纳钦曲与切苏美曲汇合口实测流量 12.1m³/s，平均流速 0.87m/s，最大流速 1.24m/s，平均水深 0.3m，最大水深 0.7m，水面宽 46.4m。

沱沱河泥沙粒径沿程变化较大。床沙中值粒径：距河源 43.9km 的切苏美曲汇入处为 41.5mm，距河源 61.1km 的拉日干木章巴河汇口下 2km 处为 16.5mm，距河源 285.9km 处的沱沱河沿站仅为 3.5mm，囊极巴陇则为 3.3mm。

沱沱河干流河道的河型沿程是变化的。在源头冰川汇合后的纳钦曲，两侧有众多冰川融水呈树枝状注入，河中水流散布在宽达 1.5km 的冰水砾石河床中，河道呈宽浅散流形；河道遇到峡谷即束狭，水流归一，断面变得窄深，出峡谷后复又成为散流。在切苏美曲汇口附近，河道为分汊型。在雀莫错盆地中，河谷开阔，两岸众多支流汇口处均形成冰水冲积扇，干流河道在砂砾河床中呈山区网状或辫状河型。沱沱河在穿过祖尔肯乌拉山时，又形成峡谷段，河道束窄，水流集中。河道进入沱沱河盆地，河谷宽阔。在错阿日玛湖湖口附近，河床中形成宽达数千米的沙滩，干流河道开始变成滩槽比较分明的河型。以下随着河谷宽度不同，沙滩宽度沿程变化，但仍保持滩槽分明的河型。至沱沱河沿站附近，河谷宽达 10km，河谷中分布着堆积、基座和侵蚀 3 类阶地，河床宽 500～600m。干流河道穿过青藏公路后逐渐成为分汊河道。之后，沱沱河与南源当曲汇合，进入通天河。

宽谷游荡型河道在沱沱河普遍发育。河道流经开阔平坦的新生代断陷盆地，河谷宽达 1～2km 至 10 余 km，沿江两岸为平原和平缓低矮的丘陵或阶地，河漫滩宽度一般在 1km 以上。河床水流散乱，分汊甚多，沙滩散布，变化频繁，分汊最多处达十余股，构成纵比降较陡、断面形态宽浅、具有游荡性或摆动性演变特征的网状或辫状河型。

江源宽谷游荡性河道的相关资料甚少。初步认为，沱沱河干流河道游荡性成因主要有以下几个方面：一是广阔而深厚的早更新世细粒湖相沉积，构成极为松散的河床边界；二是构造盆地内河谷开阔，比降变得较平缓（相对于峡谷窄段），加之支流入汇，有利于砂砾堆积；三是高寒气候下形成厚达 20～80m 的多年冻土，表面季节融冻层仅 1～3m，使河流的下蚀作用受到限制；四是不均匀的径流作用以及融冻期河水漫流造成冰面的切割滩体。上述各种因素的综合作用，使沱沱河干流河道成为深蚀受到限制、侧蚀作用强烈、断面非常宽浅、水流易于摆动、演变比较频繁的游荡性河道。

2. 楚玛尔河

楚玛尔河（曲麻河）为长江北源，位于青海省玉树藏族自治州西部（青藏公路之西属治多县西部北麓河乡，之东属曲麻莱县），发自可可西里山黑脊山南麓。"楚玛尔"为藏语，意为"红水河"，又译为曲麻莱河、曲麻河、曲麻曲。

楚玛尔河发源于距错仁德加湖（叶鲁苏湖）约 150km 的可可西里山东麓。楚玛尔河从发源地向东流去，先后穿过叶鲁苏湖及青藏公路，最后折转向南，在当曲的河口下游 200 多 km 处汇入通天河。

流域呈狭长形，横卧长江源区域北部，汇集昆仑山南坡来水汇入通天河，流域面积 20800km²。楚玛尔河源头地区的北部与西金乌兰湖、可可西里湖等内陆湖区相邻。地势平坦，海拔 5000～5150m，山岭比高约 200m，受构造控制呈北西西走向。由于气候干燥，降水量仅 250～300mm，蒸发量约 1800mm，所以地面多干涸沟谷，植被稀少，砂砾广布，湖泊萎缩，风积地形发育。

楚玛尔河水系不发育，支流较少，一级支流约 57 条，其中流域面积大于 1000km² 的有巴拉大才曲和扎日尕那曲等 3 条；流域面积 300～1000km² 的有婆饶丛琼曲、那日曲等 12 条。

楚玛尔河沿站以下河谷逐渐缩窄，流经约 140km 后，到达盆地边缘山丘地带。两岸岗丘低缓错落，比高约 200m，由上三叠统上巴颜喀拉群灰黑色板岩组成。河谷曲折，断面多为宽浅梯形。河床砾石呈瓦砾状，洪水时河宽约 300m，平水时河宽一般 30～50m。在距河口 33km 的宁各陇巴附近，楚玛尔河由南东东转向南流，垂直汇入通天河，宽约 1km 的谷底分布着两级阶地。

楚玛尔河流域地势高亢，也是全国最冷地区之一。据 1959—1977 年五道梁站气温观测，多年平均气温以 1 月最冷（－16.9℃），7 月最热（5.5℃），多年平均－5.7℃。多年平均最高气温，1 月－8.6℃，7 月 12.2℃，多年平均 2.0℃。多年平均最低气温，1 月－24.1℃，7 月 0.2℃，多年平均－12.2℃。极端最高气温为 1961 年 6 月 11 日的 23.2℃，极端最低气温为 1963 年 12 月 1 日的－33.2℃。楚玛尔河沿站多年平均气温－6.2℃，极端最高气温 17.2℃，极端最低气温－33.9℃。

楚玛尔河流域高山阻隔，位置偏北，孟加拉湾暖湿气流难的以深入，降水量较少。据实测资料统计：五道梁站多年平均降水量仅约 273mm，年内分配不均，12 月不到 1mm，7 月份则近 40mm；多年平均蒸发量 1 月最少（约 60mm），7 月最多（近 170mm），多年平均 1410 余 mm。楚玛尔河沿站多年平均年降水量约 240mm，多年平均年蒸发量 1690 余 mm，因此楚玛尔河流域内湖泊日益萎缩，有些咸湖已成为干涸盐湖。

据楚玛尔河沿站观测：楚玛尔河多年平均流量约 8m³/s，最大流量 293m³/s，最小流量为 0；多年平均年径流量约 2.5 亿 m³，6—10 月的径流量约占全年的 87.5%，最大月径流量出现在 9 月。因楚玛尔河沿站距源头约 300km，位置较上，仅控制该河总集水面积的 44%，故不能完全反映该河水文特征。楚玛尔河沿站以下，河流补给除降水与湖泊补给外，还接纳了昆仑山南坡的冰雪融水和较多的地下水，水量逐渐增大。河口段水深 0.9m，水面宽 40m，河道平均坡降约 1.4‰，年平均流量约 33m³/s，多年平均年径流量 10 亿余 m³，较沱沱河大，三源中水量居第二位。1978 年 9 月中旬，长江江源考察队在楚玛尔河河口实测流量为 42.5m³/s。

楚玛尔河的主要特点是河湖相连、河床宽浅、水流散乱、沙滩广布，多风积沙丘，主要接纳昆仑山南坡冰雪融水。

3. 当曲

当曲源头名多朝仁（多朝能），发源于唐古拉山脉东段北支霞舍日啊巴山东北麓（东经 94°30′43″、北纬 32°36′13″）。霞舍日啊巴山海拔 5395m，东北 2.5km 处为海拔 5139m 的卡霞结峰，9km 处为海拔 5217m 的纳得峰；西侧 11km 处为海拔 5403m 的尺宰峰；西南 7km 处为 5601m 的压麻峰。这一排连绵高耸的山峰为长江与澜沧江的分水岭。

当曲位于江源地区东南部，流域面积较大，支流众多，有尕尔曲、布曲等较大支流，水量较丰，温泉广布，沼泽发育，接纳了西起各拉丹冬雪山群东麓，南至唐古拉山脉中段、东段北麓，北至开心岭，东到莫曲间分水岭，面积为 30786km² 的来水。当曲地处青藏高原腹地，海拔达 4600m 以上，地势高亢，为全国最冷的地区之一。根据海拔 4888.7m 处的温泉（地名，在布曲边）观测记录：年平均气温－4.1℃，气压 562.2hPa，日照 2629.1 小时，蒸发量 1504.6mm。冬半年受西风气流控制，晴冷干燥；夏半年受海洋性风系的微弱影响，略显湿润。降水量较少，温泉多年平均年降水量 365.1mm，雁石坪 377.8mm。降水集中于 5—9 月，以阵性降水为主，固态降水占很大比重。7 月、8 月两月降水量约占全年的 55%～60%，此时河流水量最大。

当曲源头多朝仁初始水流出露流量为 0.1L/s（0.001m³/s），流长约 13km 后称旦曲，初具河流规模。1978 年 8 月 29 日考察队在旦曲实测流量 0.038m³/s，平均水深 0.1m。当曲沿河有大片沼泽，曲波波以下有多处泉水出露。

尕尔曲沿（原设有得列楚卡水文站）测流处控制尕尔曲全流域面积 4123km²，多年平均流量 24.1m³/s，实测最大流量 319m³/s，最小流量为 0，多年平均年径流量 7.6 亿 m³。布曲雁石坪水文站控制流域面积为 4538km²，多年平均流量 23.8m³/s，最大流量 507m³/s，最小流量 1.34m³/s，多年平均年径流量 7.52 亿 m³，河口年径流量 21 亿 m³。

由于布曲、尕尔曲发源于雪山冰川，河中冰雪融水补给量大，加之地势高、气温低，地表温度低，因而水温较低。夏季 7—9 月，雁石坪站水温 4.1～7.1℃，最高 11℃。当曲干流由于远离青藏公路，而且沼泽密布，交通困难，没有水文气象资料。1978 年考察队考察时，于 7 月 13 日 16 时在当曲河口测得流量 221m³/s，断面面积 228m²，水面宽 381m，平均流速 0.97m/s，最大流速 1.34m/s，水深平均 0.6m，最深 2.1m。当曲年径流量约 46 亿 m³，年平均流量约 146m³/s。

4. 通天河

通天河自囊极巴陇至玉树巴塘，全长 828km。其中，以楚玛尔河河口为界将通天河分为上、下两段：上段长 278km，连同北源楚玛尔河，属江源水系；下段长 550km，不属江源水系，为江源向金沙江峡谷型河道过渡的河段。

通天河上段总体流向为北东向，河道沿程变化特点为宽谷段和狭谷段相间。自囊极巴陇以上 14km 开始，通天河流经巴颜倾山区，形成长约 10km 的宽浅峡谷；河段出峡谷后进入一小盆地，河谷宽 4～5km；在勒采曲汇口以下，进入冬布里山区，又形成 28km 长的狭谷段；至牙哥曲汇口附近，河谷又逐渐开阔，谷底宽 1～2km；在科欠曲以下，河谷宽达 12km，直至楚玛尔河河口。综上所述，通天河上段河道在横切区域构造时，往往形成狭谷，水流集中；而在顺应区域构造或盆地时，往往形成宽谷，水流分汊。通天河下段在楚玛尔河河口以下约 70km 处有色吾曲汇入。色吾曲发源于巴颜喀拉山脉南麓齐峡扎贡山，源头与黄河上游约古宗列曲、卡日曲等仅一山之隔。通天河下段在白拉塘附近，河谷展宽；在登额曲汇口以下，河道进入峡谷段，愈向下游河道愈加曲折，沿岸均为峡谷峻岭，直至玉树巴塘河口。可见，通天河下段自楚玛尔河汇口至登额曲汇口，河道为江源高平原丘陵向高山峡谷过渡的河段；登额曲汇口以下为高山峡谷区河段。通天河上段河道的河型与沱沱河相类似，在河流出峡谷进入盆地河谷宽阔段，基本上形成游荡河型。水流摆动于宽浅河床上，分汊较多，有的 3～4 股，有的达 10 余股。通天河上段游荡型河道形成条件与沱沱河类似。通天河下段河道的河型比较简单，属两岸受山体控制、断面形状单一且比较窄深的峡谷型山区河道。

通天河流域气候严寒，多年平均气温曲麻莱站 −2.6℃、玉树站 2.9℃，历年最低气温曲麻莱站 −34.8℃、玉树站 −26.1℃。流域内降水量也较少，多年平均降水量曲麻莱站 385.8mm、玉树站 469.2mm，稍大于沱沱河流域降水量。

1.1.1.2 金沙江

长江干流流经治多县、曲麻莱县、称多县、玉树市，玉树州直门达（称多县歇武镇直门达村，巴塘河汇入口）以下始称金沙江。

金沙江穿行于川、藏、滇三省（自治区）之间，其间有最大支流雅砻江汇入，至四川宜宾纳岷江始名长江。金沙江落差 3300m，水力资源 1 亿多 kW，占长江水力资源的 40%以上。干流规划有多级梯级水电开发。金沙江流急坎陡，江势惊险，航运困难。由于河床陡峻，流水侵蚀力强，故金沙江是长江干流宜昌站泥沙的主要来源。

金沙江全长 2290km，起于青海省、四川省交界处的玉树直门达（巴塘河汇入口），止于四川省宜宾市东北翠屏区合江门，分为三段：从玉树巴塘河江入口至石鼓为上游，长965km，河道平均比降 1.75‰；石鼓至攀枝花雅砻江汇入口为中游，长 564km，河道平均比降 1.48‰；攀枝花至宜宾为下游，长 762km，河道平均比降 0.93‰（表 1.1）。

表 1.1　　　　　　　　　　金沙江水系干流和主要支流情况

干流河段	支流名称	河长/km	流域面积/km²	控制站名	集水面积/km²
金沙江（巴塘河汇入口—宜宾）	（干流）	2290		屏山（向家坝）	485099
	赠曲	228	5470		5400
	热曲	145	5450		5450
	松麦河（定曲）	241	12163		12080
	水落河	321	13971		13770
	雅砻江	1571	128444	小得石（桐子林）	117275
	普渡河	380	11090	三江口	9529
	横江	305	14781	横江（二）	14781

1. 上游

金沙江从青海省玉树巴塘河汇入口流向东南，过玉树直门达，至真达（石渠县真达乡）入四川省石渠县境，然后在四川省与西藏自治区两地之间奔流，经西藏江达县辖邓柯乡、川藏要塞岗托镇，过赠曲河口后，折向西南，至白玉县城西北的欧曲河口，又折西北，不久又复南流，至藏曲口、热曲口，再径直向南经巴塘（巴曲河口）、至德钦县东北入云南省境，过松麦河口、奔子栏，直至石鼓（玉龙纳西族自治县石鼓镇）止，为金沙江上游。上游干流全长约 965km，落差 1720m，平均坡降 1.78‰。

金沙江上游左岸自北而南是高大的雀儿山、沙鲁里山、中甸雪山、达马拉山、宁静山、芒康山和云岭诸山隔江对峙，河流流向多沿南北向大断裂带或与褶皱走向相一致，被高山夹峙的河谷一般宽 100~200m，狭窄处 50~100m。右岸宁静山—云岭诸山以西为澜沧江。澜沧江以西，越过高耸的他念他翁山—怒山，则是河谷险峻的怒江。左岸沙鲁里山以东为金沙江的最大支流雅砻江。这几条大河被高山紧束，大致平行南流，形成谷峰相间如锯齿、江河并肩向南流的独特地理单元——横断山区。

本段金沙江山高谷深，峡谷险峻，除在支流河口处因分布着洪积冲积锥，河谷稍宽外，大部分谷坡陡峻，坡度一般 35°~45°，不少河段为悬崖峭壁，坡度在 60°~70°以上，邓柯至奔子栏间近 600km 深谷河段的岭谷高差可达 1500~2000m。因两岸分水岭之间范围狭窄，流域平均宽度约 120km；邓柯附近最窄，仅 50~60km；白玉县附近最宽，亦不过 150km。由于流域宽度不大，支流不甚发育，水网结构大致呈树枝状，局部河段的短小支流垂直注入干流，水网结构呈"非"字形。

2. 中游

金沙江中游自云南省丽江纳西族自治县石鼓镇至攀枝花雅砻江段。江水奔流在四川、云南两省之间。金沙江过石鼓后，流向由原来的东南向，急转成东北向，形成奇特的 U 形大弯道，成为长江流向的一个急剧转折，被称为"万里长江第一弯"。

石鼓以下，江面渐窄，至左岸支流硕多岗河河口中甸县的桥头镇，往东北不远即进入举世罕见的虎跳峡。虎跳峡上峡口与下峡口相距仅 16km，落差达 220m，平均坡降达 13.8‰，是金沙江落差最集中的河段。峡中水面宽处有 60m，窄处仅 30m 并有巨石兀立江中。相传曾有猛虎在此跃江而过，故名虎跳石，虎跳峡也由此得名。峡内急流飞泻、惊涛轰鸣，最大流速达 10m/s。峡谷右岸为海拔 5596m 的玉龙雪山，左岸为海拔 5396m 的哈巴雪山，两山终年积雪不化。峡内江面海拔不足 1800m，峰谷间高差达 3000 余 m。峡中谷坡陡峭，悬崖壁立，呈幼年期 V 形峡谷地貌。

金沙江流出虎跳峡，向东北流至三江口（宁蒗县拉伯乡、香格里拉市洛吉乡、玉龙县奉科乡、木里县俄亚乡交界处，被称为鸡鸣两省四县之地），左岸接纳水落河，又急转向南，形成金沙江干流最大的弯道。三江口以南，江水穿行于左岸绵绵山与右岸玉龙山之间，左岸有洪门口河、右岸有黑白水河汇入。过左岸五郎河河口（河口在云南省永胜县，金沙江从县境北部的松坪乡入境，沿西部往南经大安、顺州后向东折，经涛源、片角、东风、仁和等乡镇后出境，境内长 215km）金江桥附近曾规划有梓里水利枢纽坝址。上述大弯道从石鼓以下的仁和至大弯道南段的梓里，河道弯转 264km，而直线距离仅 32km，落差 550m，平均坡降达 17.2‰，因此有穿凿隧洞、集中利用大弯道落差开发水能的远景设想。江水南流至中江街纳右岸漾弓江，直至金江街以西才转向东流，又经云南省大理和楚雄境内的金江吊桥、皮厂、右岸的渔泡江口、湾碧、观音岩、半边街至攀枝花市。

金沙江中游除金江街、三堆子至龙街、蒙姑、巧家等地为开敞的 U 形河谷（谷底宽 200～500m、最宽可达 1000～2000m、水面宽 100～200m）外，其他大部分河段均为连续的 V 形峡谷。虎跳峡情况如上述，其余河段的两岸山地海拔一般 1500～3000m，岭谷间高差仍达 1000m 左右，峡谷底宽 150～250m，最窄处 100～150m，水面宽 80～100m。因此金沙江中上游河谷形态气势都十分雄伟。

3. 下游

金沙江下游从攀枝花至宜宾市区岷江口。在攀枝花水文站以下 15km 处，左岸汇入金沙江最大的支流雅砻江。雅砻江汇入后，流量倍增，河流转向南流，至右岸支流龙川江口（元谋县境内）附近又折转东北，先后纳右岸勐果河（河口在武定县段 34km 内）、左岸普隆河至皎平渡口。距老君滩滩尾 1.6km 处，右岸有普渡河汇入，过东川区因民镇，金沙江折转北流，右岸有以泥石流闻名的小江注入，继续向北，过蒙姑纳右岸支流以礼河，过巧家县纳左岸支流黑水河，过白鹤滩纳左岸支流西溪河，再东北流至昭通市麻耗村有重要支流牛栏江从右岸汇入，至大凉山麓左岸纳美姑河，再经雷波县、永善县间的溪洛渡水利枢纽坝址北流 70 余 km 即达屏山县新市镇。

江水过新市镇转向东流，进入四川盆地，经绥江县、屏山县、水富县、宜宾市叙州区安边镇等地。右岸汇入金沙江最后一条支流横江，再流 28.5km 接纳小溪流马鸣溪进入宜宾市区，在宜宾市区流程 12km。金沙江下段两岸多在海拔 500m 以下，仅向家坝附近山岭海拔超过 500m，属低山丘陵区。本段河流沉积作用显著，河床多砾石，沿岸有较宽阔的阶地分布，高出江面约 30m。支流除横江外，均较短小，水网结构呈格网状。

金沙江下游河段水量大、落差集中，是金沙江流域乃至长江流域水力资源最丰富的河段，规划的四个水电梯级装机容量约 38200MW，年发电量约 1700 亿 kW·h，是西电东送的重要电源基地。

1.1.1.3 川江

长江上游干流宜宾至宜昌段又称川江，全长约 1040km，流经四川、重庆、湖北 3 省（直辖市）。位于河段中部的重庆市是我国四个直辖市之一，人口众多，经济发展速度很快，在我国经济发展布局中处于长江经济带"上海—武汉—重庆"中轴线的关键位置，是长江上游的经济中心，是我国唯一位于西部地区的直辖市，在我国西部发展战略中起着带头与辐射作用。本河段的下段有世界著名的长江三峡水利枢纽工程和葛洲坝水利枢纽工程。

区域内 28 个县（市）面积占四川、重庆、湖北 3 省（直辖市）总面积的 6.4%，2005 年区域内 28 个县（市）总人口为 2001 万人，占 3 省（直辖市）总人口的 11.4%；地区生产总值 2269 亿元，占 3 省（直辖市）总值的 16.7%。其中：第一产业增加值 264 亿元，第二产业增加值 1006 亿元，第三产业增加值 999 亿元，三大产业的结构比重为 12：44：44。2005 年区域内主要产品产量中粮食 679.6 万 t、油菜籽 20.9 万 t。

长江干流宜宾至宜昌河段即川江，总体流向为自西向东。从岷江汇口处宜宾起向东流，于泸州北纳沱江、合江、南接赤水河后折向东北，到重庆有嘉陵江自北向南、涪陵有乌江自南向北汇入，经过重庆市万州区后又改向东流直至宜昌。川江水系地处四川盆地及其四周环绕的高山之中，地形变化很大：西部及西北部为青藏高原和横断山脉纵深谷地，边缘有岷山、邛崃山、大相岭诸山；东北部及东部有大巴山、巫山；西南部及南缘为云贵高原及其东侧的斜坡地带，继之为苗岭、武陵山。川江水系四周高山迭起，中部广大的中低山和丘陵形成了著名的四川盆地。川江河段上段穿行于四川盆地南端，自奉节以下即进入雄伟险峻的三峡河段，自西向东，有瞿塘峡、巫峡、西陵峡，巫山山脉纵贯其间，沿江两岸峰峦起伏，岸壁陡峭，河谷深切，水流湍急。

川江水系发育，流域面积在 1000km² 以上的一级支流有 24 条，300km² 以上的二、三级支流有百条以上。汇入川江的支流在两岸分布不均，左岸大支流有岷江、沱江、嘉陵江；右岸大支流有乌江、赤水河。

川江两岸为山岩组成，河道宽窄相间，洪水河宽 800～1500m，枯水河宽 300～500m，岸线参差不齐，石盘山咀突入江中，且河槽深处为基岩，上覆盖卵石。

其中宜宾—奉节河段处在扬子准地台四川台坳，地壳比较稳定，断裂稀少，地震活动弱，主要为岩质岸坡，岸坡岩性主要为侏罗系、白垩系红色砂岩、泥岩，在宜宾以及江津至重庆主城区河段局部分布有三叠系灰岩。奉节—宜昌河段为长江三峡，主要为岩质岸坡，岩性多为震旦系到三叠系的灰岩，局部有志留系、三叠系、侏罗系的砂岩、页岩，三斗坪一带为前震旦系花岗岩。沿江两岸大部分岸坡稳定条件较好，抗冲刷能力较强。

川江河段为典型的山区性河道，河床受两岸基岩的控制，较为稳定，但在长期的水流冲刷下，河床缓慢下切。在大多数情况下，河床受到边界条件的约束，河岸均较稳定，河床演变主要为河床的冲淤变化。其中，在峡谷段，悬移质基本上不参与造床作用，冲淤主要是卵石在河槽中的堆积和冲刷，年内冲淤变化呈现一定的周期性，情况比较简单。宽谷段冲淤变化则比较复杂，卵石推移质和悬移质中的中粗砂部分都对河床深槽和浅滩产生冲淤影响，使河床在平面和断面上发生变化，甚至悬移质中细颗粒泥沙对较高河漫滩也带来一定的变化。但总体而言，川江河段的河床演变与其河床形态关系密切，由于河道宽窄相间，宽阔河段局部河床在一个水文年内冲淤变化明显，但年际间保持冲淤平衡，两岸边界及河床主要为基岩，抗冲性强，河势多年来保持稳定。

长江是一条含沙量较小但输沙量较大的河流，泥沙绝大部分来源于长江上游的金沙江、嘉陵江、岷江、沱江、乌江、横江、赤水河及上游干流区间，其中主要产沙区为金沙江和嘉陵江，两江输沙量之和占宜昌站的 77.3%。根据长江干支流各站 1950—2006 年悬移质泥沙输沙量统计，屏山、朱沱和寸滩站多年平均年输沙量分别为 24700 万 t、29800 万 t 和 41200 万 t，横江、赤水河、岷江、沱江和嘉陵江分别为 1300 万 t、907 万 t、4760 万 t、877 万 t 和 11000 万 t。不考虑河段其他支流来沙，屏山至寸滩河段平均每年悬移质泥沙沉积量为 2340 万 t，其中粒径 $d \geqslant 0.1mm$ 的悬移质泥沙沉积量 1450 万 t。

川江属山区河流。受边界条件制约，河道平面形态为宽窄相间。峡谷段江面一般宽 200～300m，最窄段仅 100 余 m；宽谷段江面一般宽 600～800m，最宽可达 1500～2000m。宽阔河段两岸分布有碛坝，江中常出现心滩、江心洲，中枯水时或常年水流分为两汊，个别为三汊或多汊。断面形态峡谷段为 V 形，宽谷段多为 W 形。

川江最著名的支流是左岸的岷江、沱江、嘉陵江；右岸的赤水河、乌江等。中小支流有 67 条，其中一级支流有 34 条（流域面积大于 1000km² 的河流有 23 条）。中小支流中比较有名的有南广河、綦江、龙溪河、龙河、小江、磨刀溪、大宁河、香溪。由于四川盆地向南倾斜，川江流经盆地南缘，北岸的岷江、沱江、嘉陵江诸支流的上游切割盆地边缘山地，入盆地后中下游纵贯整个盆地，因此流程均比较长；南岸支流一般较短小，只有乌江和赤水河的中上游在云贵高原上伸展较远。川江南北支流很不对称，属不对称水系。

1.1.2　长江上游主要支流

1.1.2.1　雅砻江

雅砻江是金沙江的最大支流，也是长江 8 条大支流之一，发源于青海省巴颜喀喇山尼彦纳玛克山与冬拉冈岭之间，在青海省境称扎曲，又称清水河，至四川省石渠县境后始称雅砻江，在攀枝花市倮果大桥下汇入金沙江。干流全长 1571km，流域面积 128440km²，约占长江上游总面积的 13%。干流天然落差 3870m，平均坡降 2.46‰，年径流量约 580 亿 m³。雅砻江源远流长，流域降水较为丰沛，支流众多，水网比较发育。流域面积在 1000km² 以上的支流有 24 条，其中大于 1 万 km² 的有鲜水河、理塘河、安宁河 3 条，5000～10000km² 的有达曲（鲜水河一级支流）、卧龙河（理塘河一级支流）、力丘河 3 条。

1.1.2.2　普渡河

普渡河是金沙江右岸的一条主要支流，位于云南省中部。该河发源于嵩明县梁王山北麓上喳拉箐（海拔 2600m），流经嵩明县、昆明市官渡区、盘龙区、五华区、西山区和呈贡县、晋宁县、安宁县、富民县、禄劝县等 10 个县（区、市），汇入金沙江。普渡河全长约 380km,落差约 1850m,平均坡降约 4.9‰,流域面积约 11090km²。习惯上将普渡河自上而下划分为 4 段,即盘龙江、滇池、螳螂川和普渡河下段。普渡河主要支流有掌鸠河、蟒寨河、洗马河。

1.1.2.3 牛栏江

牛栏江,亦称车洪江,系金沙江右岸支流,源头有二:果马河为正源,源头海拔 2320m;另一源头为杨林河,发源于昆明市官渡区老爷山,源头海拔 2453m。牛栏江干流长 423km,落差 1660m,流域面积 13320km²。流向大体上从南向北,流经云南省的嵩明、马龙、寻甸、曲靖、沾益、宣威、会泽、巧家、鲁甸、昭通等 10 个县境和贵州的威宁县境,在昭通麻耗村注入金沙江。较大支流有马龙河、西泽河、哈喇河及硝厂河等。

1.1.2.4 横江

横江,又称关河,是金沙江下段右岸支流,跨川、滇、黔三省,发源于云南省鲁甸县水磨乡大海子,流经鲁甸、昭通、大关、彝良、永善、盐津、威宁等县,在水富县云富镇东汇入金沙江。横江全长 305km,流域面积 14781km²,天然落差 2080m。横江的主要支流有洛泽河、牛街河、大关河等。

1.1.2.5 岷江

岷江,川江左岸的重要支流。岷江总落差 3560m,流域面积 13.59 万 km²,其中四川 12.63 万 km²。岷江河口流量 2830m³/s,水能蕴藏量 820 万 kW。

岷江都江堰以上为上游,全长 341km,总落差 906m,水能蕴藏量 220 万 kW,此段水能开发规划,共有沙坝、太平驿、映秀湾、紫坪铺、鱼嘴 5 级;上游河段水流湍急,平均比降 7.8‰,难以通航,以往为漂木河道。岷江都江堰至乐山城区为中游,全长 215km,总落差 68m,河道平均比降 0.59‰,水能蕴藏量 31 万 kW;该河段有滩险 50 余处,河面宽 200~400m,枯水流量 20~40m³/s,一般枯水航深 0.5m,航槽宽 100m,弯曲半径不小于 110m,常年可行 25t 木船及小马力拖轮。岷江下游段自乐山市的大渡河口至宜宾市岷江河口,全长 155km,区间流域面积 1.13 万 km²。

岷江较大支流有 320 条,主要支流右岸有黑水河、杂谷脑河、渔子溪、寿江(寿溪河)、白沙河、大渡河、马边河,左岸有泥溪河、越溪河。

1.1.2.6 沱江

沱江,长江上游川江段左岸支流,位于四川省中部,发源于川西北九顶山南麓,绵竹市断岩头大黑湾。南流到金堂县赵镇接纳沱江支流毗河、清白江、湔江及石亭江等四条上游支流后,穿龙泉山金堂峡,经简阳市、资阳市、内江市等至泸州市汇入长江。全长 712km,流域面积 3.29 万 km²,从源头至金堂赵镇为上游,长 127km,称绵远河,从赵镇起至河口称沱江,长 522km。

沱江干流除了"三峡"是狭窄的 V 形河谷以外,其余段落河多半宽浅。资阳以上,河谷的宽度起码是 1km;资阳以下,河谷渐渐窄狭,宽度大约减少了一半。沱江还有一个特色是滩沱相间,遇到浅滩枯水时,江水只有 1m 深;可是遇到深沱,水深一般在 15m 以上,最深的可达 35m。浅滩的长度一般在 500m 以上;而深沱长度一般不到 200m。

沱江流域多年平均降水量 1200mm,年径流量 351 亿 m³,其中岷江补给约占 33.4%。水力资源蕴藏量约 186.7 万 kW。干流长年可通木船、机动船,中下游支流多已渠化。

1.1.2.7　嘉陵江

嘉陵江，长江上游川江左岸支流，发源于秦岭，陕西省凤县，经陕西省、甘肃省、四川省、重庆市，注入长江。干流全长 1345km，干流流域面积 3.92 万 km²。四川省广元市昭化区以上为上游，昭化至重庆市合川区为中游，合川至重庆河口为下游。

流域东北面以秦岭、大巴山与汉水为界，东南面以华蓥山与长江相隔，西北面有龙门山与岷江接壤，西及西南以一低矮的分水岭与沱江毗连，大致介于东经 102°30′～109°、北纬 29°40′～34°30′之间，大致在四川盆地东北部，河流的绝大部分流经四川盆地。昭化以上为上游，河流曲折，穿行于秦岭、米仓山、摩天岭等山谷之间，河谷切割很深，属于山区河流，河谷狭窄，水流湍急，支流众多，水量丰富，自然比降达 3.8‰，水能开发量大，但水流急，多滩险礁石，不便航行。昭化至合川为中游，河道逐渐开阔，宽度在70～400m 之间，地形从盆地北部深丘逐渐过渡到浅丘区，曲流、阶地和冲沟十分发育；比降变缓，自然比降 0.28‰，与涪江、渠江的中下游构成川中盆地，高程仅 200～400m，是为中游盆地区，有航运之利。合川至重庆段为下游，河道经过盆东平行岭谷区，形成峡谷河段，地势复上升为山区地形，谷宽 400～600m，水面宽 150～400m，其间著名的嘉陵江"小三峡"即为河流横切华蓥山南延支脉九峰山、缙云山、中梁山后，形成的风光绮丽的沥濞、温塘、观音三峡谷。

嘉陵江水力资源具有巨大开发潜力，水能蕴藏量共 1525 万 kW（其中：陕西 108 万 kW，甘肃 366 万 kW，四川 1051 万 kW），可能开发的装机容量在 500kW 以上电站 303 座，总装机可达 870 万 kW，年发电量 408 亿 kW·h。现已开发小水电站 91 处，设计总装机 52万 kW，设计年发电量 27 亿 kW·h。现有水能利用程度仅为 6%。

嘉陵江是长江水系含沙量最大的河流，略阳站的多年平均含沙量为 7.94kg/m³，最大年含沙量（1959 年）21.5kg/m³，最小年含沙量（1965 年）2.15kg/m³，远大于汉江安康站的 1.27kg/m³、2.38kg/m³、0.44kg/m³。含沙量的季节变化显著，年内含沙量最大值出现于 7 月，最小值出现于 1 月，二者相差约 1600 倍，这与其流域内降水的季节变化、分布有深厚的黄土有关。嘉陵江上游总的流向由北而南略向西弯曲，纵坡比降为 7.01‰，西岸山地高出平均水位 200～600m，坡度一般在 40°～70°，河床为砂、卵石，洪枯水位相差 12m 左右，水深一般 2～4m，最深可达 12m 以上。

嘉陵江是长江水系含沙量最大的支流，略阳站多年平均含沙量 7.94kg/m³，其中最大年含沙量 21.5kg/m³（1959 年），最小年含沙量 2.15kg/m³（1965 年），最大值与最小值之比为 10，汛期（6—9 月）含沙量占全年的 81.3%，最大（7 月）月含沙量占全年的 30.7%，最小（1 月）月含沙量占全年的 0.001%，最大日含沙量 538kg/m³（1972 年 8 月 29 日）。

1.1.2.8　乌江

乌江，长江上游川江段右岸支流，古称黔江，发源于贵州省境内威宁县香炉山花鱼洞，流经黔北及渝东南酉阳彭水，在重庆市涪陵注入长江。

乌江干流全长 1037km，流域面积 8.79 万 km²。乌江干流在化屋基以上为上游，化屋基至思南为中游，思南以下为下游。较大支流有六冲河、猫跳河、清水江、湘江、洪渡河、芙蓉江、唐岩河等 15 条，天然落差 2123.5m，年均流量 1650m³/s。流域内年均径流深 600mm，但年内分配不均，汛期 5—9 月占全年径流量的 80%。乌江流域地势西南高、东北低，地貌有明显的层状发育特点，从分水岭地面向河谷地面依次可分为娄山期地面、山盆期地面、乌江峡谷。从河源到河口，总落差达 2123.5m，平均比降 2.05‰。落差主要集中在上、中游，下游平均比降仅为 0.64‰。

乌江水系发育，由干流及数以百计的众多支流组成，呈羽毛状分布。武隆以上右岸区间流域面积占流域总面积的 51％，左岸占 49％。支流流域面积在 1000km² 以上的有 16 条，3000km² 以上的有六冲河、猫跳河、湘江、清水江、唐岩河、洪渡河、郁江和芙蓉江等 8 条。

乌江多年平均径流量，按武隆控制站为 511 亿 m³，若以面积比推算到河口，则为 534 亿 m³。武隆站年径流量占长江上游控制站——宜昌站的年径流量的 12％。径流年内分配不均，有汛期和非汛期，汛期出现与雨季到来紧密相连，乌江 5—10 月为汛期，11 月至次年 4 月为枯水期。乌江多年平均输沙量 3165 万 t（另有卵石推移质约 0.9 万 t），占长江宜昌站多年平均输沙量的 6.6％，小于多年平均年径流量占比（12％）和集水面积占比（8.3％），是一条水量较丰、沙量较小的河流。泥沙分布上游大、下游次大、中游小，汛期输沙量占全年的 90％以上，其中 6 月占全年的 30％左右。

1.2　地形与地质特征

长江上游的地质构造特殊，区域差别明显。大致以武都、泸定、昆明一线为界，长江上游可分为东西两大构造单元。该区西部主要是青藏"歹"字形构造和南北向构造的叠置，具有挤压褶皱强烈和断裂十分发育的构造特征。北西向和北北西向的深大断裂和深断裂广泛分布，北东向和北北东向的深断裂穿插其间。在断裂构造的转折与交汇部位，伴有强烈的岩浆活动。该区东部地壳稳定，盖层相当完整和断裂不甚发育，主要为北北东和北东向的新华夏系构造为主。除本区北部秦岭纬向构造受到强烈挤压破碎外，大部分地区褶皱不强烈，有的则十分平缓，如四川盆地丘陵区。长江上游地层发育齐全，自元古界至第四系均有出露。西部地区以变质岩为主，东部地区以沉积岩为主。西部地区岩石以三叠系砂岩、板岩分布最广；岩浆岩在雀儿山、沙鲁里山、龙门山中段、南段、贡嘎山、大凉山等地分布面积较大；中、新生界红色碎屑岩分布于普渡河以西、金沙江以南的盆地中；金沙江、安宁河等河谷地带有较厚的第四系松散堆积层。东部以侏罗系、白垩系互层的红色砂岩、泥岩分布最广，特别是四川盆地、贵州高原以及四川盆地北缘的米苍山、大巴山以中、古生界碳酸盐岩分布为主。岩浆岩仅在米苍山的中部、大巴山北部等局部地段零星出露。第四系松散堆积物出露在各断陷盆地及河谷中，其中，成都平原堆积最厚达 400m 以上的第四纪沉积。

特殊的地质构造形成了长江上游复杂的地貌类型。长江上游地势西高东低。长江的正源沱沱河发源于唐古拉山的主峰海拔 6621m 的各拉丹东雪山。长江上游西部为青藏高原的一部分，平均海拔 4000m 以上，地势高亢，气势雄伟，为我国地势划分的第一级台阶；东部为云贵高原、秦岭东延部分、米苍山、大巴山等山地和四川盆地，属于我国地势划分的第二级台阶，高原与山地海拔多为 1000～3000m，四川盆地是我国第二级台阶山相对凹下的一个盆地，海拔 200～750m。

1.3 气象与水文特征

长江上游地形独特,高差悬殊,气候多样,成因复杂,表现出显著的区域气候特征,低温、干旱和洪涝是其主要的气象灾害。长江上游东部属北亚热带季风和中亚热带湿润季风气候,西北部为山地高原气候,横断山地属于亚热带高原季风气候。由于青藏高原、秦巴山地的阻挡,使长江上游区域冬季气温高于东部低海拔的同纬度平原丘陵地区,日温高于 10℃ 的开始期偏前;夏季由于季风、高海拔降温效应和与地理环境相关的多云少日照等因素,除四川盆地部分河谷地带外,气温与冬季相反,普遍低于东部同纬度地区,而秋季开始先于东部同纬度地区。并且,气温年较差和日较差偏小,多年平均最高温度 ≥40℃ 的日数平均不足 1d,仅涪陵以下川江河谷多年一遇达 1d 以上,最低气温 ≥0℃ 的日数一般在 10d 以下,南部不到 5d,北部山区在 20～40d。由于季风气候和青藏高原环流系统的影响,长江上游处在西风带高原东侧"死水区",冬季降水量特别少,春季降水量增加也有限,夏季由于暖湿海洋气流盛行,西太平洋副高压的影响,降水量比东部同纬地区多,秋季降水多于春季,表现为与东部同纬度地区相反的秋雨绵绵。同时,降水量年际变化大,时空分配不均,西部多春夏旱,东部多伏旱,而中部春、夏、伏旱均有发生。

长江上游西部高原地区年平均降水较少(200～800mm),由东往西减少,源头地区五道梁仅 270mm 左右。此外,在一些深切河谷地带,降水量也很少,如金沙江河谷四川省得荣县附近年平均降水量也仅 300mm 左右。长江上游东部广大地区在太平洋和印度洋暖湿气流控制下,降水丰富,年平均降水量一般为 800～1500mm,地区分布差异较大,具有由东向西减少的特征。但受地形的影响,在四川盆地周围山地及云贵高原东部分布着几个多雨中心。有四川盆地西部雅安、峨眉多雨中心,有四川盆地西部北川、安县多雨中心,四川盆地东部的万源、开县多雨中心,黔西高原的普定、织金多雨中心,川西南山地的米易、普格多雨中心。江源一带降水以冰雪为主,海拔 5800m 以上终年积雪,发育现代冰川。

长江上游的暴雨(日降雨量 50～100mm)分布与年降水量的分布基本一致,多雨中心和暴雨中心的分布基本吻合。年内降雨集中于 6—9 月。长江上游东部每年均有暴雨出现,一般平均 2～3 次,少数地区年均 4～5 次;大暴雨(日降雨量 100～150mm)一般 1～2 年出现一次;特大暴雨(日降雨量大于 150mm)一般 10 年出现一次。西部高原大部分地区无暴雨出现,与东部交界地带约 5～10 年可出现一次暴雨,大暴雨十分罕见。暴雨是形成长江上游洪水的主要驱动力。

据《长江泥沙公报 2021》统计数据,长江上游控制站宜昌站 1950—2020 年多年平均年径流量 4323 亿 m³。境内支流众多,其中流域面积大于 5 万 km² 的支流有雅砻江、大渡河、岷江、嘉陵江和乌江,合计径流量 2778 亿 m³。上游地区按人口平均占有水量 2948m³,高于全流域和全国的平均值。

1.4 土壤植被情况

长江上游地区植被类型复杂多样。按地域水平分异特征,包括不同的地带性植被类型，如西部江源草甸草原与草甸，川西暗针叶林，川西南滇北亚热带偏干常绿阔叶林，亚热带偏湿常绿阔叶林，横断山北部温带落叶林，以及四川盆地以农业植被为主的植被类型。

长江上游拥有中国大多数土壤类型。按照中国第二次土壤普查结果，长江上游土壤包括铁铝土、半淋溶土、淋溶土、高山土、初育土、腐殖土、钙层土、水成土、人为土等九个土纲 28 个土壤类型。其中高山土纲面积最大，约 3019 万 hm^2；其次是初育土纲，面积为 2493 万 hm^2；钙层土土纲面积最小，仅 1 万 hm^2。就土壤类型而言，草甸土面积最大，达 2244 万 hm^2，主要分布在青藏高原东缘和四川盆地西北部；紫色土其次，为 1888 万 hm^2，主要分布在四川盆地，紫色土大都为农业土壤。

区域内水平分异与垂直分异并存，东部地区地带性土壤为黄壤，西部地区主要地带性土壤为高山草甸土。秦巴山地土壤为黄棕壤和棕壤；四川盆地地带性土壤为黄壤，但仅保存于盆地周围及盆地内部分低山，盆地底部大面积分布的是地域性的紫色土，贵州高原地带性土壤为黄壤，但在广大碳酸盐岩地区发育石灰土，云南高原的中部和东部地带性土壤为红壤，云南高原的北部和川西南地、干热河谷则以红褐土为地带性土壤。

西部高原高山地区地势高差变化大，土壤的垂直变化比较显著，与其水平变化互相交织，使土壤的分布格局变得更为复杂。大致由东南向西北，海拔由低至高，地带性土壤由山地黄壤逐渐过渡为山地棕壤至高山草甸土，以高山草甸土分布较广。一般山体越高，相对高差越大，其垂直带谱也越完整。

1.5　经济社会特征

长江上游地区是我国东部与西部、南部及北部的枢纽地带，是我国西部大开发的重要地区；自然条件差，区位优势不足，投资缺乏，经济基础较为薄弱，经济发展滞后；同时，基础设施建设落后，交通不便，信息不畅，贫困人口分布集中、数量庞大。长江上游区经济发展水平明显低于全国水平，远远落后于东部地区，其经济社会发展以对资源和环境依赖性强的弱质产业为主，而且区域经济发展存在显著的不平衡。

在中国的农业生产结构中，长江上游农业占 64.6%，远高于东部的 37%，但在全国的农业总产值中，长江上游仅占 19.5%，而东部为 45.7%。在土地投入上，长江上游的耕地产出系数仅为 0.62，而东部为 1.42。这种农业发展上的差距，随着社会的不断发展，已不再单纯地体现在耕作模式和技术水平上的差距，而是逐渐演变成为一种综合性的差距。

长江上游生态脆弱区农村产业结构层次低，第一产业在农村产业结构中仍占主导地位。由于非农产业不发达，农民收入增长缓慢，对农村经济发展拉动力不强，对结构调整的投入明显不足。

1.6　水库建设概况

长江上游水能蕴藏量大，可开发水电资源较多。据不完全统计，截至 2017 年年底，长江上游已修建完成大中小型水库共 14752 座，其中大型 109 座，中型 520 座（图 1.2），小型 14123 座；总库容约为 1722.78 亿 m^3，总防洪库容约为 400.12 亿 m^3。已建成的 109 座大型水库总库容约为 1499.93 亿 m^3（图 1.3），约占已建成水库总库容的 87％，是长江上游流域水库库容的主要组成部分。已建成小型水库 14123 座，占已建成水库数量的 95％以上，是长江上游流域水库数量的主要部分。长江上游干支流水库数量见图 1.4。

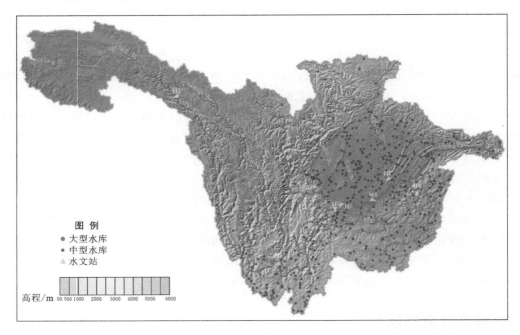

图 1.2　长江上游大中型水库分布

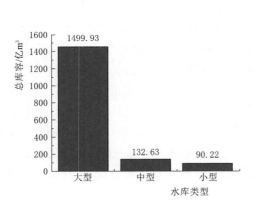

图 1.3　长江上游流域大中型水库库容

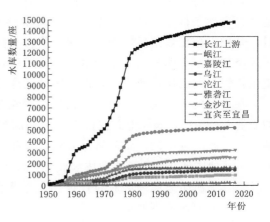

图 1.4　长江上游干支流水库数量

　　从水库数量和库容变化过程来看（表 1.2 与图 1.5），20 世纪 50 年代和 70 年代是长江上游流域水库数量增长最快的时期，水库建设由每年几座增长为几百座，在这期间修建的主要为小型水库，其数量达到 9130 座，占修建水库总数的 98％以上。在该期间修建完成的大型水库仅有 6 座，其中 50 年代有 2 座，即 1956 年建成的百花湖（库容 2.2 亿 m^3）

和 1957 年建成的长寿狮子滩（库容 10 亿 m³）；70 年代有 4 座，分别是 1972 年建成的黑龙潭（库容 3.6 亿 m³）、1978 年的龚嘴（库容 3.7 亿 m³）、1977 年的碧口水电站（库容 5.2 亿 m³）和三岔水库（库容 2.2 亿 m³）。从 90 年代开始水库建设数量显著减少，并且呈持续下降趋势，1990—1999 年、2000—2009 年和 2010—2017 年水库建成数量依次为 731 座、637 座和 332 座，明显低于以往，甚至小于以往的小（2）型水库建设数量。不过大中型水库数量有所增加，1990—2017 年间建成大型水库 94 座。

表 1.2　　　　　　　　　　　长江上游流域水库数量和库容建设情况

时　段	建成水库数量/座				新增总库容/亿 m³	新增防洪库容/亿 m³
	大型	中型	小（1）型	小（2）型		
1950—1959 年	2	43	312	2286	36.1935	5.7137
1960—1969 年	3	30	304	1686	35.5861	6.1500
1970—1979 年	4	85	1026	5506	74.4524	14.3784
1980—1989 年	6	49	359	1215	71.2091	9.7940
1990—1999 年	11	47	138	535	116.3436	9.1307
2000—2009 年	41	108	135	353	765.0512	249.5929
2010—2017 年	42	158	69	63	613.0925	102.7105
在建	32	118	20	13	547.0515	118.5576

从水库库容变化过程来看（图 1.5 和图 1.6），长江上游流域水库总库容在 20 世纪 60 年代以前处于极低水平，1959 年年底总库容仅 3.66 亿 m³，整个流域只有两座大型水库。20 世纪 60 年代至 21 世纪前 10 年，水库库容开始增长，新增库容约为 30 亿 m³。2010 年后迎来水库库容增长的高峰，水库总库容与以往相比增幅极大，几乎是之前总库容的 5.6 倍，主要是大型水库修建带来的跃升。2018 年，长江上游流域水库总库容达到 2259.37 亿 m³，也

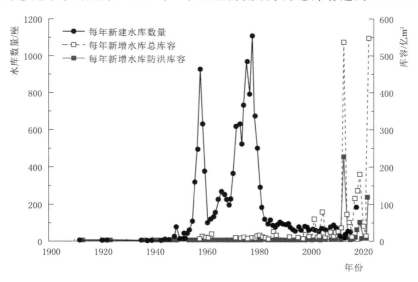

图 1.5　长江上游流域历年建成水库和库容变化图

17

就是说 2000 年以后，平均每年水库库容增大 10 亿 m³ 左右，特别是在 2009 年出现急剧增长，这可能与 2009 年建成 9 座大型水库有关。2000 年以后以大中型水库修建增大新增总库容为主，小型水库几乎可以忽略。至 2017 年，长江上游在建的水库有 183 座，其中包含 32 座大型水库，118 座中型水库，33 座小型水库，总库容约 547.1 亿 m³，相当于已建成水库总库容的 31.7%。

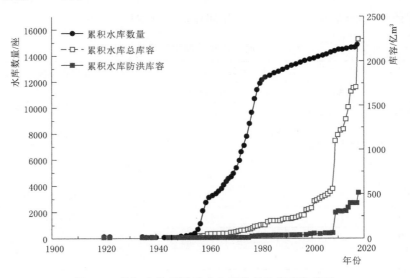

图 1.6　长江上游累计建成水库数量和库容的关系

长江上游建成的众多水库中，平原水库仅为 474 座，其余皆为山丘水库。从坝型来看（表 1.3），以土坝为主，占比高达 87.2%，各支流情况均大致相同。从水库分布来看（图 1.7），绝大多数水库在嘉陵江和长江干流区域（占比分别为 34.89% 和 21.01%），其次是金沙江流域（占比 16.81%），沱江占比 10.5%，岷江占比 5.84%，雅砻江占比 1.3%。从水库库容来看（图 1.8），长江干流的库容占比最大，为 31.15%，金沙江占比 18.34%，乌江占比 16.46%，嘉陵江占比 14.12%，雅砻江占比 9.78%，岷江占比 8.62%，沱江占比最少，仅为 1.54%。

表 1.3　　　　　　　　长江上游流域已建成水库数量按坝型统计情况　　　　　　　单位：座

流域	土坝	混凝土坝	浆砌石坝	堆石坝	碾压混凝土坝	其他坝型
长江上游	12848	364	1210	207	33	70
嘉陵江	4608	99	355	55	7	16
金沙江	2195	57	177	31	7	9
岷江	757	27	60	14	2	1
沱江	1364	30	129	17	2	5
乌江	1076	72	203	40	10	21
雅砻江	167	2	17	4	1	
干流宜宾—宜昌段	2681	77	269	46	4	18

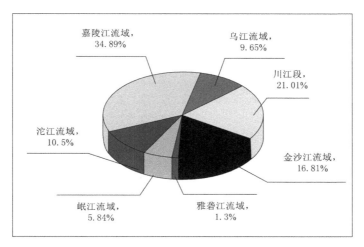

图 1.7　长江上游流域水库数量分布情况图

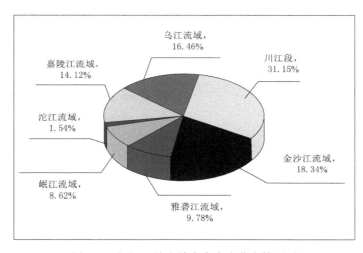

图 1.8　长江上游流域水库库容分布情况图

由图 1.7 和图 1.8 可以看出，已建水库群主要分布在金沙江、岷江和嘉陵江流域的中下游地区、乌江流域的上中游地区和沱江的全流域内。各支流水库分布密度见表 1.4，沱江流域水库密度最大，每 100km² 达 6.64 座；长江干流单位面积库容最大，达 49.73 万 m³/km²。由此可见长江上游干流流域水利化程度较高。

表 1.4　　　　　　　　长江上游地区各支流水库分布密度（截至 2017 年）

项　目	金沙江	岷江	沱江	嘉陵江	乌江	上游干流	合计
流域面积/km²	252488	60362	23283	129895	83035	104774	653837
水库数量/座	2476	862	1547	5140	1422	3095	14542
水库密度/（座/100km²）	0.98	1.43	6.64	3.96	1.71	2.95	2.22
水库总库容/亿 m³	306.82	144.13	25.68	236.23	275.31	520.99	1509.16
单位面积库容/（万 m³/km²）	12.15	23.88	11.03	18.19	33.16	49.73	23.08

　　因此，可以得出结论：长江上游水库建设在 1990 年以前以小型水库建设为主，水库数量增长明显；1990 年以后以大中型水库建设为主，水库库容增长明显。水库数量最多的是嘉陵江流域，占水库总数量的 34.89％，水库库容最大的是干流川江（宜宾—宜昌）段，占比 31.15％。

第2章 三峡水库重点来沙区产沙调查

2.1 长江上游产沙研究现状

长江上游是长江流域的重要生态屏障，在国家经济社会发展中具有重要战略地位。这一区域的经济社会发展、生态环境演化、人口生存发展等诸多问题都与水土流失息息相关。根据水利部2018年全国水土流失动态监测成果，长江流域水土流失面积34.67万km^2，占流域土地总面积的19.36%。其中，水力侵蚀33.16万km^2，占水土流失总面积的95.6%；风力侵蚀1.51万km^2，占水土流失总面积的4.4%。水土流失主要分布在金沙江下游，嘉陵江和岷沱江中下游，乌江、赤水河上中游，以及三峡库区等区域。

流域产沙是土壤侵蚀的重要反映，影响流域产流产沙的主要因素包括流域下垫面条件、降水、人类活动等三个大的方面（Lu et al.，2003；张信宝 等，2006）。一般来说，由于地质地貌条件相对稳定，故产沙量的多少主要取决于降水和人类活动影响。流域降水是地表产沙的动力条件，其时空（包括时间、落区、强度、历时等）分布，对流域产沙有直接影响。长江上游地区来沙量的大小与降水密切相关，特别是对于长江上游重点产沙区，相同径流量下不同的降水落区、范围及强度可导致输沙量相差数倍。人类活动对流域的下垫面以及流域泥沙的输移条件等可产生重要影响，包括增沙和减沙两方面，诸如毁林毁草、开垦坡地和筑路、开矿等工程建设会增加水土流失，相反，植树造林、封山育林和退耕还林、改造坡耕地等水保措施以及水利工程兴建等对减少河流泥沙作用明显（蔡国强等，1996；韦杰和贺秀斌，2012）。

长江上游是长江流域泥沙的主要来源区。20世纪90年代以前，长江上游水土流失面积约35.2万km^2，地表年均侵蚀量约15.68亿t。长江上游侵蚀产沙格局总体可以概括为"四片一带"：西北部和东南部产沙较少，其中西北部长江源区是整个流域的少沙区，输沙模数一般为1.5～420t/$(km^2 \cdot a)$；东南部四川盆地丘陵区和喀斯特地区的输沙模数也较小，一般为210～500t/$(km^2 \cdot a)$；西南部和东北部以及连接这两个部分的中间地带产沙较多。其中：西南部金沙江下游的产沙最为突出，输沙模数基本为570～2700t/$(km^2 \cdot a)$；东北秦巴山地嘉陵江中上游部分输沙模数稍小，一般为500～1600t/$(km^2 \cdot a)$；这两个区域之间是龙门山、邛崃山等山脉组成的陇南川滇山地产沙高值带，与前两个地区相比，产沙模数相对较小，一般为400～1300t/$(km^2 \cdot a)$。长江上游整体平均输沙模数一般为500t/$(km^2 \cdot a)$（师长兴，2010）。

长江上游输沙模数最大的重点产沙区集中分布在金沙江下游渡口，雅砻江汇入口至屏山的面积约 8.6 万 km² 区间，以及嘉陵江上游支流西汉水、白龙江流域面积约 4.2 万 km² 区间。重点产沙区内流域地表侵蚀强烈，侵蚀类型多样，水土流失严重。由于外营力作用和自然因素在空间上的地域性差别，地表侵蚀可以分为重力侵蚀、水力侵蚀和混合侵蚀，这几种侵蚀形式常常相互影响和制约，甚至互为因果关系（景可，2002；景可和师长兴，2007；许炯心和孙季，2007；张广兴 等，2009；李智广 等，2012）。

重力侵蚀的主要表现形式为滑坡和崩塌。嘉陵江上游的滑坡以白龙江及白水江流域较为严重，规模也较大；金沙江河谷两岸岩体中裂隙极为发育，对岸坡的稳定不利，历史上曾多次发生崩塌现象；金沙江下游区域崩塌主要发生在干流及支流的中下游深切河谷两岸，滑坡现象较为普遍。水力侵蚀包括面蚀和沟蚀。

面蚀是流域内最主要的侵蚀类型，面蚀量大、面广，广泛发生于坡耕地和荒山荒坡等。嘉陵江上游区域的耕地中，约有 70% 是坡耕地，坡度一般为 20°～30°，遇到大雨或暴雨，便会发生强烈的水土流失。金沙江下游四川地区的山区和丘陵区的坡耕地占总耕地的 50%～90%，水土流失也十分严重。沟蚀主要发生于河谷开阔段两岸由第四系松散沉积组成的阶地与古冲、洪积扇上。岩性较软的砂页岩或破碎带上沟蚀也较为发育。

混合侵蚀是指在重力和水力混合作用下所造成的侵蚀，其表现形式为泥石流。泥石流的分布地域性较强，嘉陵江上游区域有泥石流沟三千余条。金沙江泥石流集中分布于谷深坡陡、岩层破碎和地面松散固体物质丰富的地带，干流两岸分布密集，其支流小江流域是我国著名的泥石流高发区。

2.2　长江上游主要干支流水沙变化

长江上游干流长约 4504km，集水面积约 100 万 km²，约占全流域总面积的 56%。长江上游干流在宜宾以上有雅砻江、横江，宜宾以下有岷江、沱江、赤水、綦江、嘉陵江及乌江等支流汇入，三峡区间入汇支流大多面积较小，但数量较多（Yang et al.，2002）。

长江上游水量主要源自金沙江、岷江、沱江、嘉陵江和乌江等，而输沙量则主要源自金沙江和嘉陵江流域（表 2.1）。金沙江屏山水文站以上流域面积为三峡水库长江干流入库站——寸滩水文站的 52.9%，其多年平均径流量和输沙量分别占寸滩站的 42.19% 和 64.26%；嘉陵江北碚水文站以上流域面积占寸滩站的 18.0%，其多年平均径流量和输沙量分别占寸滩水文站的 19.15% 和 26.42%。两江合计多年平均来水量和来沙量分别占寸滩站的 61.34% 和 90.68%；而其他河流来沙量则不大，合计仅占寸滩水文站的 9.32%，水量则占 37.66%。

从长江上游来水来沙地区组成变化来看，与 1990 年前相比，1991—2002 年金沙江来水来沙量均略有增大，特别是屏山水文站输沙量占寸滩水文站的比重由 54.02% 增大至 83.5%；而嘉陵江水沙量则有所减小，北碚水文站径流量占寸滩水文站的比重由 20.14% 减小至 15.86%，输沙量所占寸滩水文站的比重由 31.51% 减小至 11.06%。

三峡蓄水以后的 2003—2016 年，金沙江屏山站水量略有减小，屏山站年水量减少 145 亿 m³，占寸滩站的比重则与 1991—2002 年的 45.1% 基本持平（为 41.74%）；与

1991—2002 年相比，输沙量则显著减少，屏山站年均输沙量由 2.81 亿 t 骤减为 1.51 亿 t，减幅达到了 46.3%。嘉陵江流域北碚站的水量有所增加，而沙量继续减小，年径流量由 1991—2002 年的 529.4 亿 m³，增加为 633.1 亿 m³，年输沙量则由 0.37 亿 t 减小为 0.27 亿 t。三峡蓄水后，2003—2016 年金沙江和嘉陵江的来水量占寸滩站的比重由 1991—2002 年的 60.96% 增加到 61.16%，而沙量的比重由 94.56% 减小到 91.4%。

表 2.1　　　　　　　　　　　　　　　　长江上游来水来沙地区组成

河名	水文站名	集水面积		多年平均径流量		多年平均输沙量		含沙量/(kg/m³)	统计年份
		面积/km²	占寸滩/%	径流量/亿 m³	占寸滩/%	输沙量/亿 t	占寸滩/%		
金沙江	屏山	458592	52.9	1414	40.73	2.44	54.02	1.70	1956—1990
				1506	45.10	2.81	83.50	1.85	1991—2002
				1361	41.74	1.51	99.69	1.10	2003—2016
				1433	42.19	2.32	64.26	1.59	1956—2016
横江	横江	44781	5.2	89.9	2.59	0.137	3.05	1.52	1957—1990
				76.9	2.30	0.139	4.13	1.62	1991—2002
				75.8	2.32	0.058	3.85	0.72	2003—2016
				84.1	2.46	0.118	3.28	1.38	1957—2016
岷江	高场	135378	15.6	875	25.12	0.52	11.53	0.60	1956—1990
				815	24.41	0.35	10.25	0.43	1991—2002
				785	24.07	0.24	16.12	0.30	2003—2016
				841	24.75	0.42	11.73	0.49	1956—2016
沱江	富顺	23283	2.7	126	3.64	0.117	0.26	0.929	1957—1990
				114	3.41	0.031	0.09	0.271	1991—2002
				110	3.38	0.045	0.3	0.03	2003—2016
				120	3.54	0.084	0.23	0.06	1957—2016
长江	朱沱	694725	69.1	2659	60.6	3.10	59.5	1.17	1956—1990
				2672	62.3	2.93	74.9	1.10	1991—2002
				2546	63.3	1.32	347.4	0.52	2003—2016
				2634	61.3	2.64	66.4	1.00	1956—2016
嘉陵江	北碚	156142	18.0	699.2	20.14	1.43	31.51	2.04	1956—1990
				529.4	15.86	0.37	11.06	0.69	1991—2002
				633.1	19.42	0.27	17.69	0.36	2003—2016
				650.6	19.15	0.95	26.42	1.27	1956—2016
长江	寸滩	866559	100.0	3471	100.0	4.52	100.0	1.29	1950—1990
				3339	100.0	3.37	100.0	1.01	1991—2002
				3260	100.0	1.51	100.0	0.46	2003—2016
				3397	100.0	3.61	100.0	1.04	1956—2016

河名	水文站名	集水面积		多年平均径流量		多年平均输沙量		含沙量/ (kg/m³)	统计年份
		面积/km²	占寸滩/%	径流量/亿 m³	占寸滩/%	输沙量/亿 t	占寸滩/%		
乌江	武隆	83053		486.5		0.30		0.61	1956—1990
				531.6		0.20		0.37	1991—2002
				438.5		0.05		0.11	2003—2016
				484.3		0.22		0.44	1956—2016
长江	宜昌	1005501		4343		5.25		1.21	1956—1990
				4287		3.91		0.91	1991—2002
				4022		0.38		0.09	2003—2016
				4258		3.87		0.89	1956—2016

从三峡入库水沙量来看（寸滩＋武隆），与 1990 年前相比，1991—2002 年三峡水库年均入库（寸滩＋武隆）水量减少 86.9 亿 m³，减幅仅为 2.2%；入库沙量减少 1.25 亿 t，减幅达 35.0%。与 1990 年前相比，1991—2002 年长江上游干流来水来沙量均有所减少，寸滩水文站年均径流量减少 132 亿 m³，年均输沙量减少 1.16 亿 t，减幅分别为 3.8% 和 25.7%；乌江武隆站径流量有所增加，年均增加 45.3 亿 m³，但输沙量减少 0.10 亿 t。三峡入库水沙量减小主要以嘉陵江为主，其径流量、输沙量的减小值分别占寸滩水文站减小值的 99.5% 和 92.17%；金沙江沙量有显著增加，而横江、岷江和沱江等支流径流量、输沙量均变化不大。具体表现为以下几点：

（1）金沙江输沙量有小幅增加。1991—2002 年屏山站年均径流量为 1506 亿 m³，年均输沙量为 2.81 亿 t，相比于 1990 年前，年均径流量减小 6.5%，年均输沙量减小 15.16%。

（2）嘉陵江径流量、输沙量均明显减小，输沙量减幅远大于径流量。1991—2002 年北碚站年均径流量 529.4 亿 m³，年均输沙量 0.37 亿 t，相比于 1990 年前，年均径流量减小 24.3%，年均输沙量减小 74.1%。

（3）岷江、沱江径流量变化较小，输沙量明显减小。1991—2002 年高场站年均输沙量为 0.345 亿 t，李家湾站为 0.031 亿 t，两站点年均输沙量较 1990 年前分别减小 32.7% 和 65.4%。

此外，受长江上游来沙大幅度减小影响，长江上游出口控制站——宜昌站输沙量急剧减小。1991—2002 年宜昌站年均径流量为 4287 亿 m³，年均输沙量为 3.91 亿 t，相比于 1956—1990 年，年均径流量仅减小 1.3%，而年均输沙量减小 25.5%。

三峡水库蓄水以来，三峡入库水沙量进一步减小。与 1991—2002 年相比，2003—2016 年三峡水库年均入库（朱沱＋北碚＋武隆）水量减少 172.1 亿 m³，减幅为 4.44%；入库沙量减少 2.01 亿 t，减幅达 56.2%。其中：长江上游干流寸滩水文站年均径流量和输沙量分别减少 70 亿 m³ 和 1.859 亿 t，减幅分别为 2.1% 和 55.2%；乌江武隆站径流量有所减少，年均减少 93.5 亿 m³；输沙量减少 0.15 亿 t。三峡入库沙量减小主要以金沙江为主，其输沙量的减小值占寸滩水文站减小值的 89.3%；而嘉陵江在水量有所增加的条件下，沙量进一步减小，横江、岷江和沱江等支流径流量、输沙量均变化不大。具体表现为以下几点。

（1）金沙江输沙量大幅减小。2003—2016 年屏山站年均径流量为 1361 亿 m^3，年均输沙量为 1.507 亿 t，相比于 1991—2002 年，年均径流量减小 9.6％，年均输沙量减小 46.37％。

（2）嘉陵江径流量小幅增加，而输沙量持续减少。2003—2016 年北碚站年均径流量为 633.1 亿 m^3，年均输沙量为 0.27 亿 t，相比于 1991—2002 年，年均径流量增加 19.6％，年均输沙量减小 27.1％。

（3）岷江、沱江径流量变化较小，输沙量明显减小。2003—2016 年高场站年均输沙量为 0.244 亿 t，李家湾站为 0.045 亿 t，两站年均输沙量较 1991—2002 年分别减小 31.4％和 51.6％。

长江上游水沙存在长时间段丰枯相间的周期性变化，丰枯水段和丰枯水年交替出现（Zhang et al.，2006）。来沙多少基本与来水丰枯同步，但视暴雨降落区域的不同，输沙量有所差异。如 1981 年，宜昌站年水量 4420 亿 m^3，沙量 7.28 亿 t；1990 年，年水量 4467 亿 m^3，沙量 4.58 亿 t，属于中水中沙年；1956 年，年水量 4150 亿 m^3，沙量 6.27 亿 t。

长江上游水沙年际变化大，径流量倍比系数 DW（最大年径流量/最小年径流量）一般为 1.58～3.47，但输沙量倍比系数 DW_s（最大年输沙量/最小年输沙量）则为 9.28～600.9（表 2.2）。由表 2.2 可见，各站输沙量的年际变幅远大于径流量，且水沙变幅随流域面积的增大而减小。

为分析长江上游各主要站点水沙年际变化情况，对各站不同年代水沙量进行统计（表 2.3）。从表中可以看出：长江上游 20 世纪 60 年代水沙量均较大，但 70 年代沙量由于径流量有所减小，沙量也随之减少；80 年代水沙均大，近期（2003—2016 年）除金沙江水量有所增大外，其余水沙量均表现为减小。例如：金沙江屏山站 60—80 年代年际水沙量均无明显变化，近期径流量略有增加，输沙量略有减少，其水沙量分别为 60—80 年代的 0.94～1.08 倍和 0.81～0.97 倍，含沙量为 0.82～0.91 倍；嘉陵江北碚站近期水沙量与其他年代相比，沙量减幅大于径流量减幅，其水沙量减幅分别为 60 年代的 78.5％和 18.5％、70 年代的 97.5％和 31.4％、80 年代的 76.9％和 24.1％。

根据各主要控制站年径流量和输沙量过程线图（图 2.1～图 2.7）可以看出：嘉陵江、沱江、乌江自 20 世纪 90 年代以来水沙变化过程不相应。其他各站水沙变化过程基本相应，即水大沙大，水小沙少，输沙量随径流量增减而相应变化；各站历年水沙量过程主要表现为随机变化过程，高低值期交替出现。例如：干流屏山、寸滩和宜昌站水沙量过程出现三个高值期，即 1954—1958 年，1963—1968 年，1980—1985 年三个时段，嘉陵江北碚站水沙量过程也相应地出现三个相同高值期。

长江上游地区洪枯季节明显，水沙年内分配不均匀，水沙量主要集中在汛期（5—10 月）。1990 年前，上游地区汛期水量占年水量的 76.1％～86.8％，主汛期（7—9 月）水量占年水量的 36％～63.7％；1991—2016 年，上游地区汛期水量占年水量的 73.3％—80.9％，主汛期水量占年水量的 41.8％—57.9％。1990 年前，上游地区汛期沙量占年沙量的 95.0％～99.9％，主汛期沙量占年沙量的 44.9％～90.5％；1991—2016 年，上游地区汛期沙量占年沙量的 78.1％～96.3％，主汛期沙量占年沙量的 40.7％—78.4％。可见，长江上游水沙量年内分配在 1990 年前后在汛期和主汛期的集中度有所减小。

表 2.2　长江上游干流主要控制站年径流量倍比关系、年输沙量倍比关系统计表

河名	站名	历年最大 年径流量/亿m³	历年最大 年份	历年最大 年输沙量/万t	历年最大 年份	历年最小 年径流量/亿m³	历年最小 年份	历年最小 年输沙量/万t	历年最小 年份	径流量倍比DW	输沙量倍比DWs	径流量统计年份	输沙量统计年份
金沙江	屏山/向家坝	1971	1998	50100	1974	1010	2011	5400	2011	1.95	9.28	1956—2016	1956—2016
岷江	高场	1005	1990	12110	1966	635	2006	480	2015	1.58	25.31	1956—2016	1956—2016
沱江	富顺	191	1961	3605	2013	59.2	2006	6.0	2006	3.2	600.9	1956—2016	1956—2016
长江	朱沱	3257	1965	48400	1998	1934	2011	2400	2015	1.69	20.17	1956—1967，1972—2016	1956—1967，1972—2016
嘉陵江	北碚	1070	1983	35600	1981	308	1997	107	2016	3.47	332.7	1956—2016	1956—2016
长江	寸滩	4259	1968	71300	1981	2479	2006	3282	2015	1.72	21.72	1956—2016	1956—2016
乌江	武隆	684	1977	6040	1977	288	2006	94.3	2013	2.38	64.1	1956—2016	1956—2016
长江	清溪场	4732	1998	65300	1998	2781	2006	3520	2015	1.70	18.55	1956—2016	1956—2016
长江	万县	5017	1998	62600	1981	2753	2006	1130	2015	1.82	55.40	1956—2016	1956—2016
长江	宜昌	5233	1998	74300	1998	2848	2006	371	2015	1.83	200.27	1956—2016	1956—2016

表 2.3　长江上游干流主要测站各年代年径流量、年输沙量统计

河名	站名	1960s 年径流量/亿m³	1960s 年输沙量/万t	1960s 含沙量/(kg/m³)	1970s 年径流量/亿m³	1970s 年输沙量/万t	1970s 含沙量/(kg/m³)	1980s 年径流量/亿m³	1980s 年输沙量/万t	1980s 含沙量/(kg/m³)	1991—2002 年径流量/亿m³	1991—2002 年输沙量/万t	1991—2002 含沙量/(kg/m³)	2003—2016 年径流量/亿m³	2003—2016 年输沙量/万t	2003—2016 含沙量/(kg/m³)
金沙江	屏山/向家坝	1500	24400	1.63	1330	22100	1.66	1410	25700	1.82	1506	28125	1.868	1360	15067	1.108
岷江	高场	899.8	6240	0.693	822	3390	0.413	876.9	5710	0.651	815	3450	0.468	785	2437	0.310
沱江	富顺	135.8	1550	1.14	112.2	872	0.777	129.9	1070	0.821	114	31.4	0.028	110	44.7	0.041
长江	朱沱	2820	34500	1.22	2540	27800	1.09	2660	32900	1.24	2672	29317	1.097	2545	13164	0.517
嘉陵江	北碚	750	18180	2.42	604	10700	1.77	765	14000	1.83	529.3	3724	0.704	633.1	2673	0.422
长江	寸滩	3690	48300	1.31	3308	37700	1.14	3500	47600	1.36	3339	33683	1.009	3260	15114	0.464
乌江	武隆	503.8	2810	0.557	509.4	3960	0.777	480.1	2470	0.514	531.6	2040	0.384	438.5	492.1	0.112
长江	宜昌	4540	54900	1.21	4150	47500	1.14	4450	54900	1.23	4287	39142	0.913	4022	3813	0.095

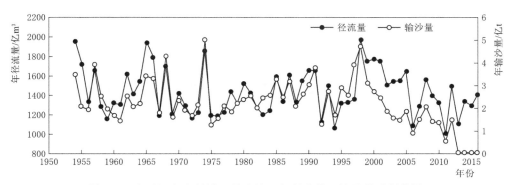

图 2.1 金沙江向家坝站（屏山站）年径流量、输沙量过程线图

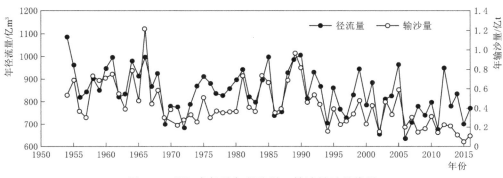

图 2.2 岷江高场站年径流量、输沙量过程线图

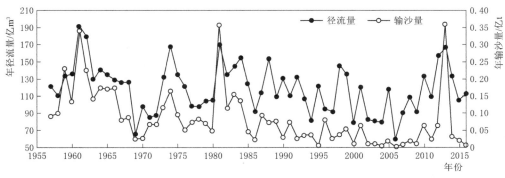

图 2.3 沱江富顺站年径流量、输沙量过程线图

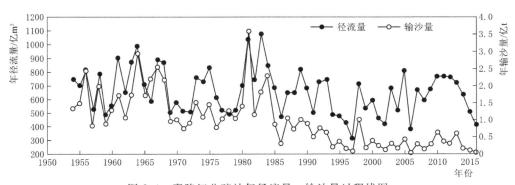

图 2.4 嘉陵江北碚站年径流量、输沙量过程线图

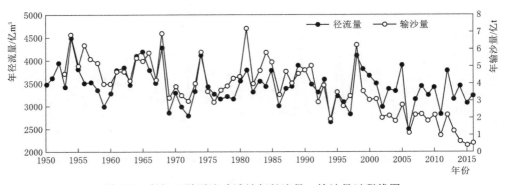

图 2.5 长江上游干流寸滩站年径流量、输沙量过程线图

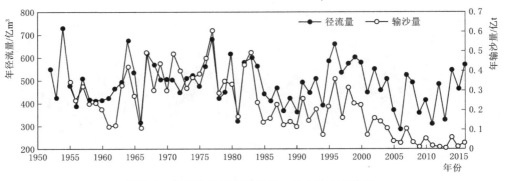

图 2.6 乌江武隆站年径流量、输沙量过程线图

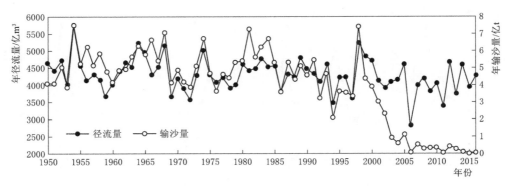

图 2.7 长江上游干流宜昌站年径流量、输沙量过程线图

1991—2016 年，长江干流屏山、朱沱、寸滩和宜昌站汛期径流量和输沙量分别占全年的 75%、77.1%、77.9%、76.9% 和 85.3%、78.1%、96.3%、95.3%。岷江高场站、沱江富顺站汛期径流量分别占全年的 75.1%、80.9%，两站汛期输沙量分别占全年的 87.2%、88.1%。嘉陵江北碚站汛期径流量和输沙量分别占全年的 77.1% 和 86.2%。乌江武隆站汛期径流量和输沙量分别占全年的 73.3% 和 83.6%。

总的来看，长江上游地区主要控制站沙量年内分配相对于水量变化更加明显。各主要控制站汛期水量变化幅度为 3%~8%，而沙量变化幅度为 12%~21%。其中：径流量变化幅度最大的为嘉陵江北碚站（达到 8%），输沙量变化幅度最大的为朱沱站（达到 21%）。

2.3 三峡水库近期重点来沙区分析

2.3.1 水沙总量变化

近年来，受长江上游干支流水库群的陆续建设与投入运行、水土保持工程的实施以及降雨范围、过程、强度的差异与汶川地震等因素的影响，三峡水库入库水沙条件出现了明显的变化，详见图2.8及表2.4。

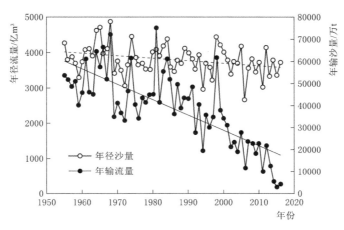

图 2.8 三峡水库入库水沙总量变化（不含区间情况）

表 2.4 三峡水库入库主要控制站水沙变化表

站名	项 目	20 世纪 50 年代	20 世纪 60 年代	20 世纪 70 年代	20 世纪 80 年代	20 世纪 90 年代	2000—2009 年	2010—2016 年	多年平均	统计年份
朱沱	年径流量/亿 m³	2810	2820	2540	2660	2679	2602	2494	2642	1956—2016 年，缺 1967—1971 年
	变化率/%	6.4	6.7	−3.9	0.7	1.4	−1.5	−5.6		
	年输沙量/万 t	30400	34500	27800	32900	31100	20100	8236	26542	
	变化率/%	14.5	30.0	4.7	24.0	17.2	−24.3	−69.0		
	含沙量/(kg/m³)	1.08	1.22	1.09	1.24	1.16	0.77	0.33	1.00	
北碚	年径流量/亿 m³	674	750	604	765	548	578	651	664	1954—2016 年
	变化率/%	1.5	13.0	−9.0	15.2	−17.5	−13.0	−2.0		
	年输沙量/万 t	14800	18180	10700	14000	4100	2373	2989	9840	
	变化率/%	50.4	84.8	8.7	42.3	−58.3	−75.9	−69.6		
	含沙量/(kg/m³)	2.20	2.42	1.77	1.83	0.75	0.41	0.46	1.48	
武隆	年径流量/亿 m³	444	504	509	480	522	459	447	483	1955—2016 年
	变化率/%	−8.1	4.3	5.4	−0.6	8.1	−5.0	−7.5		
	年输沙量/万 t	2800	2810	3960	2470	2120	949	288	2289	
	变化率/%	22.3	22.8	73.0	7.9	−7.4	−58.5	−87.4		
	含沙量/(kg/m³)	0.63	0.56	0.78	0.51	0.41	0.21	0.06	0.47	

　　三峡入库水沙控制站大体存在长时间段丰枯相间的周期性变化规律，丰枯水年代交替出现，来沙量亦基本与来水丰枯同步，二者之间存在差异，但基本变化趋势一致；相对而言，径流量年际变化率不甚显著，而输沙量年际变化率较大（周银军 等，2020）。近期来看，自 20 世纪 90 年代以来，在径流量减小幅度不大的情况下，其输沙量明显表现出了减小趋势，近 10 余年的输沙量的变化极为明显。具体表现为以下几点：

　　（1）各站径流量总体变化不大，近年略有减小趋势，以嘉陵江减小幅度最大，其 20 世纪 90 年代和 2000—2009 年的平均来水比多年平均值分别偏小 17.5% 和 13%，2010 年以后又有所恢复。

　　（2）各站输沙量均大幅减小，其中嘉陵江有明显的交替中逐渐下降的趋势，且进入 20 世纪 90 年代以后，减小明显，最大减幅达 76%，出现在 2000—2009 年，但 2010 年以后沙量较上一个年代有所恢复；乌江则是自 20 世纪 70 年代以后呈持续减小态势，2000 年以后减幅最大，平均减幅超过 72%。

　　（3）2008 年以来，乌江武隆站输沙量变化趋势与之前基本相同，但嘉陵江在其径流量变化不大的情况下，其输沙量在一段时间内有一定增加，似与汶川地震有关。

2.3.2　来水来沙地区组成变化

2.3.2.1　三峡水库来水地区组成变化

　　图 2.9 给出了三峡水库来水地区变化，按照 1990 年以前、1991—2002 年、2003—2012 年、2013—2016 年 4 个阶段，可以看出：总体上三峡水库来水地区组成是比较稳定的，金沙江始终是三峡水库上游径流量最大的水系，2012—2016 年占比略有下降；岷江位居第二；嘉陵江径流是各个支流中变化最大的，其在 1991—2002 年期间径流较多年平

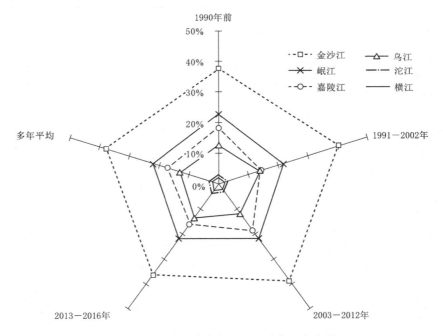

图 2.9　三峡水库来水地区组成占比变化图

均减少 19%，同期乌江来流加大，因此这一时期乌江的径流量甚至超过了嘉陵江，但此后嘉陵江径流有所恢复，径流量占比仍居第三；沱江与横江为各大支流中最后两位，但其近年径流量都有所增加。可见，三峡水库来水地区组成最大的变化发生在 1991—2002 年期间，主要表现为嘉陵江径流大幅减小和乌江径流明显增加，其次即为 2013—2016 年，金沙江径流和嘉陵江径流略有减小，沱江、横江有所增加，总的三峡入库径流量亦有所减小，为 4 个阶段中最低的，较多年平均偏少 6.1%。

2.3.2.2 三峡水库来沙地区组成变化

同样，按照上述 4 个阶段，图 2.10 给出了三峡水库来沙地区变化，相对于来水变化，来沙占比变化是十分明显的。就多年平均值而言，长江上游总来沙占比排序为金沙江、嘉陵江、岷江、乌江、横江与沱江。

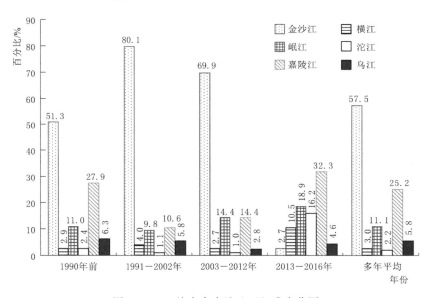

图 2.10　三峡水库来沙地区组成变化图

很长时间内金沙江都是上游总来沙占比第一的水系，尤其在 1991—2002 年期间，由于嘉陵江来沙的剧烈减少，金沙江来沙量占到上游总沙量的 80.1%；在 2003—2012 年期间尽管其来沙减半，但仍占上游总沙量的近七成；而进入 2013—2016 阶段，其来沙再次锐减，仅有其多年均值的 0.8%，占比也锐减到 2.7%，成为各水系中最小的。

嘉陵江的剧烈减沙出现在 1991—2002 年阶段，来沙量较上一阶段减少了七成多，占比也由 27.9% 减少到 10.6%，且由于来沙的持续减少，在 2003—2012 年阶段，其年均来沙量已经减少到与岷江来沙量持平，但 2013—2016 年期间其减幅小于岷江，目前占比成为各水系中最大者，为 32.3%。

相比金沙江和嘉陵江两大水系，支流中径流量第一的岷江来沙占比变化不大，2013—2016 年占比为 18.9%，仅次于嘉陵江。

乌江来沙量占比一直不大，在 2003—2012 年平均占比为 2.8%，相比较 1991—2002 年占比 5.8% 减小了 51.7%，但是在 2013—2016 年由金沙江来沙量的显著减少，其来沙占比增加为 4.6%。

相比各大水系的大幅减沙，沱江的来沙在经历了 1991—2002 年和 2003—2012 年两个阶段减沙后，在 2013—2016 年沙量占比明显增大，达到了 16.2%，仅次于嘉陵江和岷江，而其多年均值占比则是各水系中最小的，因此其近年的沙量增大是值得关注的。在较大水系（尤其是金沙江）沙量大幅减小的背景下，横江 2013—2016 年的占比提高到了10.5%，而其多年均值占比仅为 3%；横江输沙量在 2003—2012 年期间有明显减小，但之后又有所恢复增加。沱江与横江近年的沙量增加，一方面与流域上没有大的控制性水库工程有关，另一方面与暴雨集中有关，暴雨不但直接造成流域侵蚀增加，同时可将之前中小水利工程拦蓄的泥沙一并冲刷输运下来。

值得注意的是，向家坝至寸滩站的区间来沙，2012 年以前年均约为几百万吨，占寸滩总沙量的比值很小，基本可以忽略。但 2013—2016 年，该区间（含区间支流）来沙量占到了寸滩站的近 20%，年均来沙量超过 1200 万 t，仅次于嘉陵江和岷江。因此，这一区域已成为三峡水库上游来沙地区组成中的重要部分，而这一点是过去很少关注的。

2.3.3　三峡入库水沙变化特征分析

2.3.3.1　分析方法

M-K 检验法对于变化要素从一个相对稳定状态到另一个状态的变化检验十分有效，其突变检验方法如下。

对于具有 n 个样本量的时间序列 x，构造一个秩序列：

$$S_k = \sum_{i=1}^{k} r_i \qquad k = 2, \cdots, n \tag{2.1}$$

其中

$$r_i = \begin{cases} +1, x_i > x_j \\ 0, x_i < x_j \end{cases} \qquad j = 1, 2, \cdots, i \tag{2.2}$$

可见，秩序列 S_k 是第 i 时刻数值大于 j 时刻数值个数的累计数。

在时间序列随机独立的假定下，定义统计量：

$$UF_k = \frac{[S_k - E(S_k)]}{\sqrt{Var(S_k)}} \qquad k = 1, 2, \cdots, n \tag{2.3}$$

式中，$UF_1 = 0$，$E(S_k)$、$Var(S_k)$ 是累计数 S_k 的均值和方差。

在 x_1，x_2，$\cdots$，x_n 相互独立，且有相同连续分布时，$E(S_k)$、$Var(S_k)$ 可由下式算出：

$$E(S_k) = \frac{n(n-1)}{4} \tag{2.4}$$

$$Var(S_k) = \frac{n(n-1)(2n+5)}{72} \tag{2.5}$$

UF_i 为标准正态分布，它是按时间序列 x 顺序 x_1，x_2，$\cdots$，x_n 计算出的统计量序列，给定显著性水平 α，查正态分布表，若 $UF_i > U_a$，则表明序列存在明显的趋势变化。把此方法引用到时间序列的逆序序列中，按 x_n，x_{n-1}，$\cdots$，x_1，再重复上述过程，同时

使 $UF_k = -UB_k$，$k=n$，$n-1$，$\cdots$，1，$UB=0$。给定显著性水平 α，将 UF_k 和 UB_k 两个统计量曲线和显著性水平线绘在同一个图上，若 UF_k 和 UB_k 的值大于 0，则表明序列呈上升趋势，小于 0 则呈下降趋势。当超过临界直线时，表明上升或下降趋势显著，超过临界线的范围确定为突变的时间区域。如果 UF_k 和 UB_k 两条曲线出现交点，且交点在临界线之间，那么交点对应的时刻便是突变开始的时间。

2.3.3.2 分析结果

近 60 年来的长江上游及三峡入库径流量（图 2.11）和输沙量（图 2.12）序列 M-K 检验结果显示：

（1）长江上游 20 世纪 60 年代除支流沱江富顺站水沙呈现减小趋势外，其余干支流水沙量均较大，并有增大趋势。70 年代除支流乌江武隆站水沙呈现继续增大的趋势外，其余干支流则由于径流量有所减小，输沙量减少。80 年代长江上游水沙均较大，但呈现不一的变化趋势：干流屏山站径流量表现为减小趋势，但输沙量表现为增大趋势；此外，支流乌江武隆站径流量先增后减，输沙量呈现增大趋势，其余干支流水沙量均表现为减小趋势。90 年代除金沙江屏山站水量有所增大外，其余干支流水、沙量均表现为减小。三峡工程蓄水（2003 年）以后，除金沙江屏山站径流量略有增加、输沙量呈现先增后减的趋势外，长江上游其余干支流及三峡入库水、沙量均表现为继续减小的趋势。

（2）长江上游除金沙江屏山站、沱江富顺站及乌江武隆站有较明显的突变外，其余干支流及三峡入库径流量变化不显著。其中：金沙江屏山站 1984 年径流量发生了突变；沱江富顺站 1962 年径流量发生了突变；乌江武隆站 1988 年径流量发生了突变。

（3）长江上游近 60 年来干支流各站及三峡入库输沙量几乎都有明显的突变现象。金沙江屏山站 2004 年输沙量发生了突变；岷江高场站在 1994 年输沙量发生了突变；沱江富顺站在 1984 年输沙量发生了突变；嘉陵江北碚站在 1993 年输沙量发生了突变；乌江武隆站在 1984 年输沙量发生了突变。

由表 2.5 可知，长江上游干支流各主要站点及三峡入库径流量和输沙量突变显著性 M-K 检验均得以通过，表明长江上游干支流各主要站点及三峡入库径流量和输沙量在对应年份的突变是确定的。

表 2.5   近 60 年来长江上游及三峡入库水沙 M-K 突变显著性检验

站位	屏山		朱沱		北碚		寸滩	
	Z	P	Z	P	Z	P	Z	P
径流量	-1.553	<0.05	-1.359	<0.05	-2.857	<0.05	-2.227	<0.05
输沙量	-1.404	<0.05	-5.011	<0.05	-6.581	<0.05	-6.327	<0.05

站位	高场		富顺		武隆		三峡入库	
	Z	P	Z	P	Z	P	Z	P
径流量	-3.221	<0.05	-3.539	<0.05	-1.315	<0.05	-2.132	<0.05
输沙量	-4.419	<0.05	-5.341	<0.05	-5.686	<0.05	-5.947	<0.05

注 Z 代表 M-K 检测变量，P 代表概率。

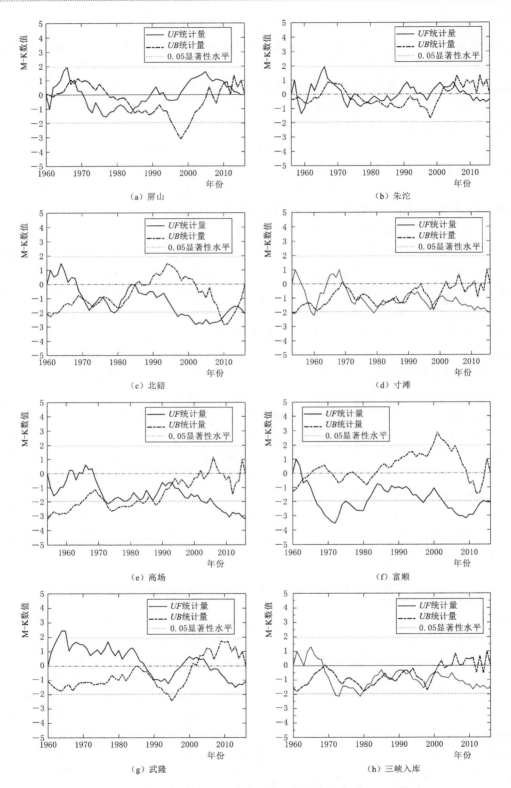

图 2.11 近 60 年来长江上游及三峡入库径流量序列 M-K 检验

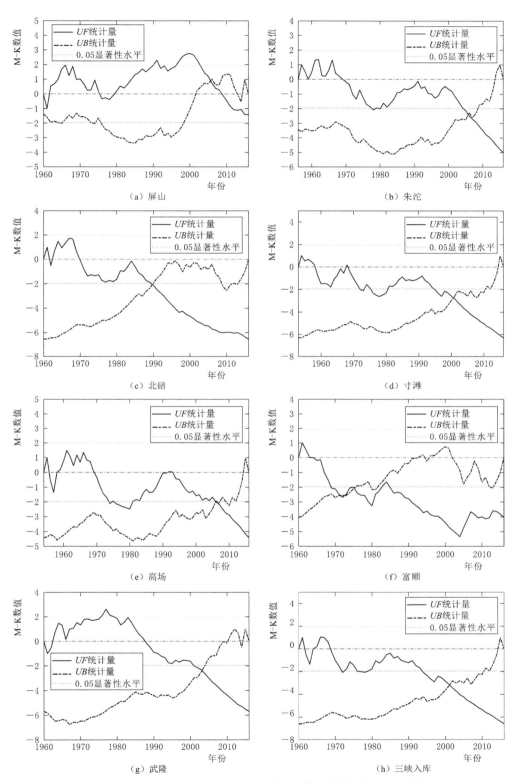

图 2.12　近 60 年来长江上游及三峡入库输沙量序列 M－K 检验

2.4　重点来沙区调查选择

基于长江上游典型产沙区的产输沙模数分区的既往研究成果，选取产沙量相对较大以及可能对三峡入库泥沙量有较大影响的典型产沙区域作为典型代表，选取岷江下游、嘉陵江支流渠江下游、沱江下游和长江干流向家坝—朱沱段共 4 个区域进行产输沙调查（表2.6）。实地调查的重点产沙区位置示意图见图 2.13。

表 2.6　　　　　　　　　　　　重 点 产 沙 区

流域名称	多年平均输沙模数 /[t/(km² · a)]	产沙区面积		分 布 地 区
		面积/km²	占流域面积百分比/%	
向家坝—朱沱	>3000	21560	4.4	川江上段区间
岷沱江	1000～2000	6018	3.8	岷江与沱江下游
嘉陵江	1000～2000	7392	4.7	渠江下游

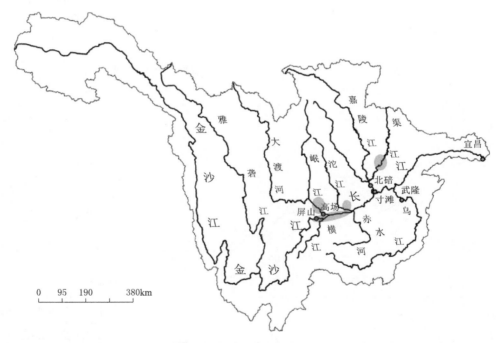

图 2.13　长江上游重点产沙区实地调查区域位置示意图（红色区域为本研究调查区）

在重点产沙区典型流域，本项目结合遥感影像和第一次全国水利普查水土保持专项普查点，在典型流域布设地面调查单元（小流域），进行水力侵蚀调查以及水土保持措施调查（包括水利工程淤积情况调查），获取典型流域水土保持措施及土壤侵蚀现状，为坡面侵蚀估算模型提供基础参数。

2.4.1　岷江下游区域

岷江下游干流从乐山市城东大渡河入汇口至宜宾岷江河口，河道全长 155km，区间流域面积 11294km²，流经乐山市中区、五通桥区、犍为县、沐川县和宜宾市叙州区，沿途接芒溪河、沐溪河、越溪河和龙溪河等。本次调查区间为五通桥水文站到高场水文站间，共选定四个调查单元。调查单元 M1 位于宜宾市叙州区宜泥路大同村大坟坝（楼房坝）附近，小流域内水利设施较少。调查单元 M2 位于宜宾市叙州区柳嘉镇胡家坡附近，小流域内有水利设施分布，对输沙有一定影响。调查单元 M−3 位于乐山市犍为县斑竹村附近，岷江干流左岸。调查单元 M4 位于乐山市沙湾区水函子村观房山附近，靠近岷江支流大渡河。调查单元 M1～M4 的详细区域划分影像图如图 2.14 所示。

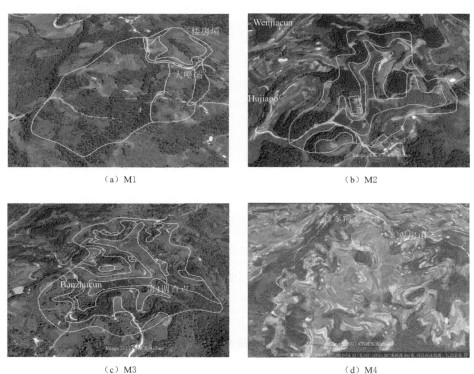

（a）M1　　　　　　　　　　　　　（b）M2

（c）M3　　　　　　　　　　　　　（d）M4

图 2.14　调查单元 M1～M4 影像图

2.4.2　渠江下游区域

渠江是长江支流嘉陵江左岸最大支流，也称渠河。渠江干流在三汇镇以上为上游，三汇镇到合川城北渠河口为下游，河流迂回穿流于华蓥山与盆中方山丘陵之间，河床从开阔的 V 形过渡到 U 形，两岸地势开阔，滩多沱长，河道弯曲，多呈连续的 S 形。干流险滩多以岩盘及石滩为主。本次调查区间为三汇水文站到罗渡溪水文站之间，共选定四个调查单元。调查单元 Q1 位于广安市广安区崇望乡政府附近。调查单元 Q2 位于广安市苏台乡苏台村洞子岩附近。调查单元 Q3 位于四川省达州市渠县周家寨附近。调查单元 Q4 位于四川省达州市渠县李馥乡铁牛村附近。调查单元 Q1～Q4 的详细区域划分影像图如图 2.15 所示。

2.4.3　沱江下游区域

沱江是长江上游左岸支流，位于四川省中部。发源于川西北九顶山南麓，绵竹市断岩

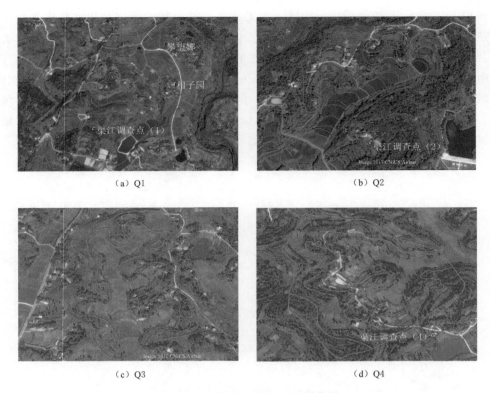

（a）Q1　　　　　　　　　　　　　　　　（b）Q2

（c）Q3　　　　　　　　　　　　　　　　（d）Q4

图 2.15　调查单元 Q1～Q4 影像图

头大黑湾，南流到金堂县赵镇接纳毗河、清白江、湔江及石亭江等四条上游支流后，穿龙泉山金堂峡，经简阳市、资阳市、内江市等，至泸州市汇入长江；全长 712km，流域面积 3.29 万 km²。沱江从源头至金堂赵镇为上游，长 127km，称绵远河；从赵镇起至河口称沱江，长 522km。本次调查区间为富顺到泸州水文站间，共选定五个调查单元。调查单元 T1 位于四川省泸州市江阳区况场镇团山附近。调查单元 T2 位于四川省自贡市富顺县安溪镇幺灏村附近。调查单元 T3 位于四川省泸州市泸县怀德镇安怀村附近。调查单元 T4 位于四川省泸州市泸县牛滩镇红旗村附近；调查单元 T5 位于四川省自贡市富顺县琵琶镇土地村附近。调查单元 T1～T5 的详细区域划分影像图如图 2.16 所示。

2.4.4　长江干流向家坝—朱沱段

向家坝下游，水富县城区河段河道顺直狭窄，洪水期河宽仅 220～330m。河道左岸山体临江，岸坡陡峻，滩地范围小；河道右岸为阶地，阶地高程在 290m 左右，该段河道汛期洪水过流断面面积小，水流流速大。本次调查区间为水富县到合江县之间，共选定五个调查单元。调查单元 G1 位于四川省宜宾市翠屏区宋家乡百山村附近。调查单元 G2 位于四川省泸州市合江县二里乡大木树村附近。调查单元 G3 位于四川省泸州市泸县太伏镇碾子山村附近。调查单元 G4 位于四川省泸州市江阳区丹林乡罗嘴附近。调查单元 G5 位于四川省宜宾市翠屏区赵场片区芝麻村。调查单元 G1～G5 的详细区域划分见影像图如图 2.17 所示。

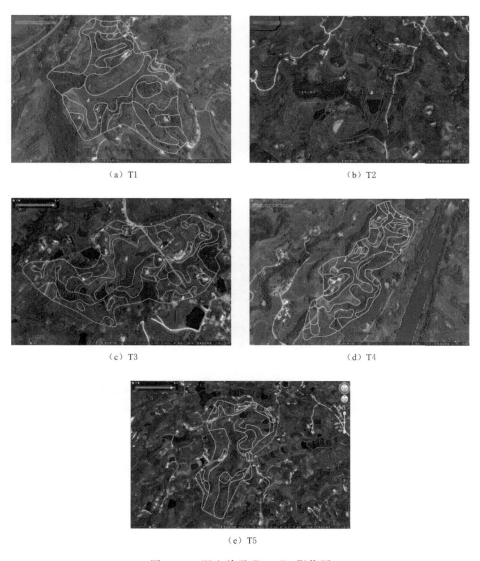

（a）T1   （b）T2

（c）T3   （d）T4

（e）T5

图 2.16　调查单元 T1～T5 影像图

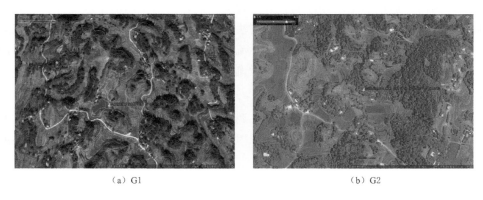

（a）G1   （b）G2

图 2.17（一）　调查单元 G1～G5 影像图

（c）G3　　　　　　　　　　　　　（d）G4

（e）G5

图 2.17（二）　　调查单元 G1～G5 影像图

2.5　调查研究方法

由于土壤侵蚀研究目的不同以及研究区域自然条件存在差异，其研究方法也有所不同，这些方法既包括深入的实验室研究，也包括野外大面积土壤侵蚀现象的动态监测。通常情况下，国内外通用的土壤侵蚀调查方法较为一致，目前常用的土壤侵蚀调查方法包括宏观调查法、径流小区法、小流域定位观测法、立体摄影法、人工模拟降雨法和核素示踪法等。本书采用调查研究方法包括：典型小流域水蚀野外调查、基于 CSLE 的坡面侵蚀产沙模型、基于 [137] Cs 示踪的流域侵蚀和流域产输沙模型等。

2.5.1　典型小流域水蚀野外调查

对重点产沙区典型小流域水蚀开展野外调查，经过空间分析获取重点产沙区典型小流域水土保持工程措施、耕作措施因子等侵蚀因子，通过无人机低空遥感获取典型小流域高精度土地利用类型及其空间格局（图 2.18）。

2.5.2　基于 CSLE 的坡面侵蚀产沙

坡面侵蚀采用中国土壤侵蚀模型（Chinese Soil Loss Equation，CSLE），该模型是在通过土壤流失方程（Universal Soil Loss Equation，USLE）和修正的通用土壤流失方程（Revised Universal Soil Loss Equation，RUSLE）基础上（郑粉莉 等，2004；李智广 等，2012；刘宝元 等，2013），通过大量实验构建的适合中国水蚀区土壤流失方程，在第一次全国水利普查水土保持普查中得到很好的应用。模型基本形式如下：

$$M = R \cdot K \cdot L \cdot S \cdot B \cdot E \cdot T \quad (2.6)$$

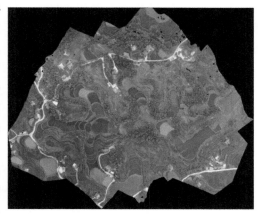

图 2.18 小流域无人机遥感

式中：M 为土壤水蚀模数，t/hm^2；R 为降雨侵蚀力因子，$MJ \cdot mm/(hm^2 \cdot h \cdot a)$；$K$ 为土壤可蚀性因子，$t/hm^2 \cdot h/(hm^2 \cdot MJ \cdot mm)$；$L$ 为坡长因子（无量纲）；S 为坡度因子（无量纲）；B 为生物措施因子（无量纲）；E 为工程措施因子（无量纲）；T 为耕作措施因子（无量纲）。

模型参数确定方法介绍如下（郭兵 等，2012；刘淑珍 等，2014；刘斌涛 等，2015）。

1. 降雨侵蚀力因子

降雨导致土壤侵蚀的潜在能力，用一次降雨总动能与该次降雨的最大 30min 雨强的乘积表示，反映雨滴对土壤颗粒击溅分离和降雨径流对土壤冲刷综合作用。本研究根据国家气象数据共享站点逐日降水数据，计算降雨侵蚀力因子：

$$R = \sum_{i=1}^{12} \{ 1.735 \times 10^{\left(1.51\lg\frac{P_i^2}{P} - 0.8188\right)} \} \quad (2.7)$$

式中：R 为降雨侵蚀力因子，$MJ \cdot mm/(hm^2 \cdot h \cdot a)$；$P_i$ 为各月平均降雨量，mm；P 为年平均降雨量，mm。

2. 土壤可蚀性因子

土壤抵抗雨滴分离和径流冲刷作用的能力，反映土壤对侵蚀外营力剥蚀和搬运的敏感性，是影响土壤侵蚀的内在因素。一般用标准小区多年平均年土壤流失量与年降雨侵蚀力之比表示，体现单位降雨侵蚀力造成的土壤流失量。本项目利用第二次全国土壤普查资料，计算土壤可蚀性因子 K：

$$K = \left\{ 0.2 + 0.3\exp\left[-0.0256 Sa \left(1 - \frac{Si}{100} \right) \right] \right\} \left(\frac{Si}{C1 + Si} \right)^{0.3}$$
$$\left[1 - \frac{0.25C}{C + \exp(3.72 - 2.95C)} \right] \left[1 - \frac{0.7Sn}{Sn + \exp(-5.51 + 22.9Sn)} \right] \quad (2.8)$$

式中：K 为土壤可蚀性因子，$t \cdot hm^2 \cdot h/(hm^2 \cdot MJ \cdot mm)$；$Sa$ 为砂粒（$2 \sim 0.05mm$）百分比含量，%；Si 为粉砂（$0.05 \sim 0.002mm$）百分比含量，%；$C1$ 为黏粒（$<0.002mm$）百分比含量，%；C 为有机质百分比含量，%；Sn 为除砂粒外的泥沙百分比含量（%），$Sn = 1 - Sa/100$。

3. 地形因子

地形因子 LS 为坡度因子 S 与坡长因子 L 的乘积。坡长因子 L 指某一坡长坡面土壤流失量与坡长为 22.13m、其他条件一致的坡面土壤流失量之比，无量纲。坡度因子 S 指某一坡度坡面土壤流失量与坡度为 5.13°、其他条件一致的坡面土壤流失量之比，无量纲。

$$LS = S \cdot \left(\frac{\lambda}{22.13}\right)^m \tag{2.9}$$

$$m = \begin{cases} 0.5 & S \geqslant 5\% \\ 0.4 & 3\% \leqslant S < 5\% \\ 0.3 & 1\% \leqslant S < 3\% \\ 0.2 & S < 1\% \end{cases} \tag{2.10}$$

$$S = \begin{cases} 10.8\sin\theta + 0.03 & \theta < 5° \\ 16.8\sin\theta - 0.5 & 5° \leqslant \theta < 10° \\ 21.91\sin\theta - 0.96 & \theta \geqslant 10° \end{cases} \tag{2.11}$$

式中：λ 为坡长；θ 为坡度；m 为坡长指数。

4. 水土保持措施因子

（1）生物措施因子：某种坡度和坡长有植被覆盖坡面土壤流失量与同等条件下连续休耕裸露坡面土壤流失量之比，无量纲，在 0~1 之间取值。

（2）工程措施因子：采取工程措施的坡面土壤流失量与同等条件下无工程措施的坡面土壤流失量之比，无量纲，在 0~1 之间取值。

（3）耕作措施因子：某种耕作措施农地土壤流失量与同等条件下无耕作措施农地土壤流失量之比，无量纲，在 0~1 之间取值。

以上水土保持措施因子来源于野外实地调查。

2.5.3　基于 ^{137}Cs 示踪的流域侵蚀

传统方法诸如径流小区法通常只能调查侵蚀的最终结果，难以对侵蚀的物理过程作定量描述，而核素示踪法则刚好可以弥补这样的不足，采用放射性元素或稀土元素能够追踪土壤侵蚀的过程变化，核素示踪法自 20 世纪 60 年代初开始使用，已经逐渐成为一种重要的调查方法。

目前常用的核素示踪法包括单核素、多核素复合以及稀土元素三种。单核素示踪常用 ^{137}Cs、^{210}Pb 以及 ^{7}Be。其中 ^{137}Cs 能够与地表物质紧密结合，土壤侵蚀量与 ^{137}Cs 流失量之间存在一定的指数关系，可以有效进行中长期土壤侵蚀示踪研究。^{210}Pb 主要运用在沉积速率的测定及沉积记年的示踪研究，而 ^{7}Be 主要地运用于湖泊、海湾沉积物表层颗粒混合作用的示踪研究。复合核素示踪可以降低核素分布的变异性，提高分析精度。稀土元素能被土壤颗粒强烈吸附，难溶于水，植物富集有限，且对生态环境无害，淋溶迁移不明显，有较低的土壤背景值，中子活化对其检测灵敏度高，是较理想的新的稳定性示踪元素。

随着航空、遥感技术的快速发展，采用遥感及航拍影像判读土壤侵蚀逐渐发展为重要的侵蚀调查方法。传统的土壤侵蚀及流域产沙调查方法主要关注于小流域或局部的土壤侵蚀，而采用遥感/航拍影像进行判读则能够获取大范围的土壤侵蚀，能够为区域范围的土壤侵蚀研究提供依据。20 世纪 90 年代初，水利部就利用卫星遥感资料成功完成了全国土壤侵蚀调查。采用遥感/航拍影像方法通常需要经过图像处理、交互式勾绘以及量算、统计面积量等步骤，但采用该方法需要克服判读误差、计算精度等问题。

本书主要采用现场调查^{137}Cs单核素示踪的方法开展长江上游重点产沙区产沙研究。针对农耕地和非农耕地，通常有两种模型用于计算土壤侵蚀速率。

2.5.3.1 农耕地土壤侵蚀量计算模型

利用^{137}Cs计算农耕地土壤侵蚀量的模型很多，其中以质量平衡模型为主，是目前应用范围较广的一种模型。质量平衡模型建立在对^{137}Cs沉降、再分配与土壤流失过程认识的基础上，同时考虑^{137}Cs在沉降期间沉降通量的年际变化对估算土壤侵蚀速率的影响，计算结果更加准确可靠。^{137}Cs沉降主要发生于20世纪50—70年代，其中1963年^{137}Cs沉降量最大，1963年前后沉降量基本相当，据此，假设^{137}Cs全部沉降于1963年，提出质量平衡简化模型，其表达式为

$$A = A_0 \left(1 - \frac{\Delta H}{H}\right)^{N-1963} \tag{2.12}$$

式中：A为侵蚀取样点^{137}Cs面积活度，Bq/m^2；A_0为^{137}Cs本底值，Bq/m^2；H为犁耕层厚度，cm；ΔH为年土壤流失厚度，cm；N为采样时的年份。

在此基础上，考虑到^{137}Cs沉降期间，坡面上地表径流直接带走的部分^{137}Cs对侵蚀量计算的影响，用坡面径流系数对区域本底值进行修正，将式（2.12）改进为以下形式：

$$A = A_0(1-R)\left(1 - \frac{\Delta H}{H}\right)^{N-1963} \tag{2.13}$$

式中：R为径流系数；$A_0(1-R)$为坡面径流系数修正后的有效本底值。

从实际应用来看，国内大多数研究者在计算土壤侵蚀量时都选择了简单易用且精度较高的简化质量平衡模型及其改进形式。本书采用改进的简化质量平衡模型式（2.13）计算坡耕地土壤侵蚀量。

当取样点的^{137}Cs面积活度大于本底值时，说明该点发生了土壤堆积。在使用^{137}Cs法估算农林系统土壤沉积时按以下模型计算：

$$S = 1000 \times \frac{C - Z}{W_d(N - 1954)} \tag{2.14}$$

式中：S为取样点土壤堆积模数，t/(km^2·a)；C为堆积取样点^{137}Cs面积浓度，Bq/m^2；Z为径流系数修正后的有效本底值，Bq/m^2；W_d为堆积取样点^{137}Cs比活度，Bq/kg；N为采样年份。

2.5.3.2 非农耕地土壤侵蚀量计算模型

非耕地土壤剖面^{137}Cs的分布函数表达式为

$$A_h = A_{ref}(1 - e^{\lambda h}) \tag{2.15}$$

式中：A_h为给定深度h（cm）以上土壤中的^{137}Cs的总量，Bq/m^2；λ为描述剖面特征的系数，可由附近的未受到干扰的采样点求得。

2.6 小结

本章梳理总结了长江上游产沙研究现状，对60年来长江上游及三峡入库水沙地区组

成变化以及水沙关系变化等方面的规律进行了分析研究。

20 世纪 90 年代以来，长江上游来水来沙量均有减小，来沙量的减小幅度远大于来水量减小的幅度。其中，1991—2002 年，宜昌站年均径流量为 4287 亿 m³，与 1956—1990 年相比，减幅约为 1.3%；同期年均输沙量约为 3.91 亿，减幅为 25.5%。三峡蓄水后（2003—2016 年），长江上游来水来沙量进一步减小，宜昌水量为 4022 亿 m³，与 1991—2002 年相比，减幅为 6.2%；同期年均沙量为 0.38 亿 t，年均输沙量减小 3.53 亿 t，减幅达到 90.3%。

从三峡入库水沙量来看，各站径流量总体变化不大，近年略有减小趋势，各站输沙量均大幅减小。其中：陵江有明显的交替中逐渐下降的趋势，且进入 20 世纪 90 年代后减小趋势明显，最大减幅达 76%，出现在 2000—2009 年；乌江自 20 世纪 70 年代以后呈持续减小态势，以 2000 年以后减幅最大，平均减幅超过 72%；向家坝至寸滩的区间来沙，2012 年以前占寸滩总沙量的比例很小，基本可以忽略，但 2013—2016 年该区间（含区间支流）来沙量占到了寸滩站的接近 20%，年均来沙量超过 1200 万 t，这一区域已成为三峡水库上游来沙地区组成中的重要部分。

长江上游除金沙江屏山站、沱江富顺站及乌江武隆站有较明显的突变外，其余干支流及三峡入库径流量变化不显著，支流各站及三峡入库输沙量几乎都有明显的突变现象。其中：金沙江屏山站 1984 年径流量发生了突变，沱江富顺站 1962 年径流量发生了突变，乌江武隆站 1988 年径流量发生了突变；金沙江屏山站 2004 年输沙量发生了突变；岷江高场站在 1994 年输沙量发生了突变；沱江富顺站在 1984 年输沙量发生了突变，嘉陵江北碚站在 1993 年输沙量发生了突变，乌江武隆站在 1984 年输沙量发生了突变。

基于长江上游产输沙模数分区的既往研究成果，选取了岷江下游、嘉陵江的渠江下游、沱江下游和长江干流向家坝至朱沱段共 4 个典型区域应用小流域水蚀野外调查、坡面侵蚀产沙模型和 ¹³⁷Cs 示踪等方法进行了产输沙调查。

第3章 金沙江下游产沙特征及定量评估

3.1 坡耕地侵蚀产沙

3.1.1 坡耕地分布范围

金沙江下游坡耕地面积大、分布广、土壤类型多，不同区域坡耕地土壤侵蚀的环境条件和人类开发活动强度差异显著。金沙江下游特别是河谷地带，光热资源丰富，年均温$20\sim23℃$，$\geqslant10℃$积温达$7000\sim8000℃$，年日照时数$2500\sim2700$ h。光热资源丰富，利于农业发展，因此坡耕地主要分布在金沙江及一级支流的河谷地带。图3.1为研究区坡耕地分布图。

通过空间分析，得到研究区每个县坡耕地的分布面积，表3.1仅列出了$10°$以上的坡耕地面积较多的县域。从图3.1与表3.1中可以看出：

（1）金沙江下游地区，坡度在$5°$及$5°$以上的坡耕地约$10325.8km^2$，其中大于$15°$的陡坡地$3341.3km^2$，占$5°$以上坡耕地的32.4%。因此，陡坡种植是造成金沙江下游水土流失最重要的人为因素。金沙江下游山区和丘陵区的坡耕地占总耕地的$50\%\sim90\%$，坡度大于$15°$的耕地占$1/3$以上。

（2）巧家县$15°$以上的坡耕地面积最多，其次为雷波县、永善县、金阳县、宁南县、会东县等，其中坡耕地主要分布在金沙江河谷地带。

（3）美姑县、大关县、布拖县、普格县、禄劝县、盐津县等地坡耕地分布主要沿金沙江一级支流（如美姑河、横江、黑水河、西溪河、普渡河等）河谷地带。

3.1.2 典型流域——小江流域坡面侵蚀产沙计算

在小江流域选取11个研究区，在各研究区内分别采集典型耕地、林地、草地、灌丛的土壤样品，样品经过处理后测定^{137}Cs含量，研究小江流域主要土地类型的土壤侵蚀速率和侵蚀模数。在分析土壤侵蚀模数与地形、土壤类型和植被覆盖等因子的基础上，土地利用图的每一个像元被赋予相应的土壤侵蚀模数。参照不同土地利用类型土壤侵蚀模数，计算小江流域2005年各土地利用类型的侵蚀产沙量。

小江流域共采集20块坡耕地的土壤样品、14块林地样品、10块草地样品和3块灌丛样品，采集土壤表层混合样品245个，测定表层土壤^{137}Cs浓度。同时区内选取13个梯田地块和未扰动的平缓林地，采集土壤混合样品，获得区内^{137}Cs背景浓度。每个样品量不少于500g。样品采集完成后，经过风干、充分研磨、筛分（20mm、10mm、5mm、2mm、

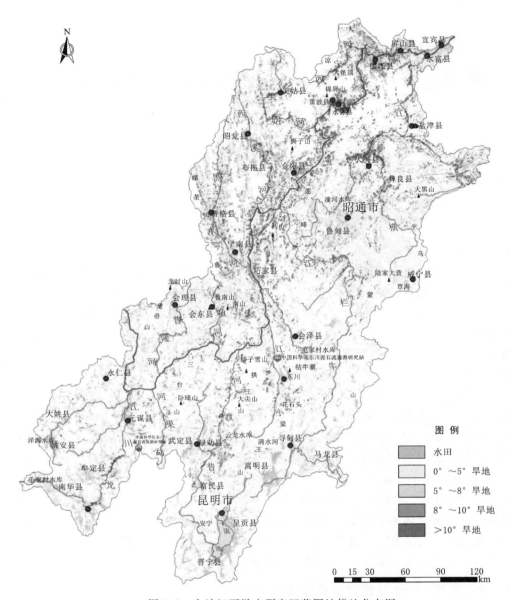

图 3.1　金沙江下游本研究区范围坡耕地分布图

表 3.1　　　　　　　　　　　　　不同县坡耕地分布面积

县名	不同坡度坡耕地分布面积/km²						≥5°坡耕地总面积/km²	≥15°坡耕地总面积/km²	≥15°坡耕地占≥5°坡耕地比例/%
	0~5°	5°~8°	8°~10°	15°~25°	25°~35°	≥35°			
巧家县	81.27	66.51	198.45	238.77	55.89	4.41	564.03	299.07	53.0
永善县	86.40	75.33	182.61	181.44	64.44	1.71	505.53	247.59	49.0
雷波县	20.61	29.07	130.32	159.21	57.60	3.51	379.71	220.32	58.0

县名	不同坡度坡耕地分布面积/km²						≥5°坡耕地总面积/km²	≥15°坡耕地总面积/km²	≥15°坡耕地占≥5°坡耕地比例/%
	0~5°	5°~8°	8°~10°	15°~25°	25°~35°	≥35°			
大关县	54.99	42.21	139.50	175.95	35.28	0.72	393.66	211.95	53.8
金阳县	20.43	32.67	122.85	146.61	56.34	5.67	364.14	208.62	57.3
宁南县	19.53	30.42	115.92	155.25	28.17	0.90	330.66	184.32	55.7
会东县	104.04	94.05	227.97	134.82	30.69	0.72	488.25	166.23	34.0
普格县	45.00	46.35	171.90	140.58	7.11	0	365.94	147.69	40.4
彝良县	196.02	114.84	227.16	114.93	5.49	0	462.42	120.42	26.0
禄劝彝族苗族自治县	127.17	74.79	159.12	90.36	28.89	0.90	354.06	120.15	33.9
盐津县	41.40	35.46	108.90	106.92	12.60	0	263.88	119.52	45.3
屏山县	33.48	45.54	160.20	109.53	8.82	0	324.09	118.35	36.5
布拖县	72.18	44.73	111.87	79.74	28.62	2.88	267.84	111.24	41.5
会泽县	245.25	125.91	222.84	105.85	5.85	0	459.90	111.15	24.2
美姑县	49.41	57.60	198.27	94.14	10.35	0.36	360.72	104.85	29.1

1mm)、颗分（1mm 以下）、称重等处理后，取 2mm 以下的土壤样品 400~600g 装入塑料袋中密封，以备实验室测定 ^{137}Cs 活度。^{137}Cs 活度通过 γ 能谱仪进行，测定仪器为 HPGe 探测器（GC4020 型），测定时间 25000s 以上，^{137}Cs 比活度通过解算 661.55keV 处 ^{137}Cs 特征峰所对应的谱峰面积获得，测试结果误差率保持在 ±6% 以内。

3.1.2.1 坡耕地土壤侵蚀模数计算

农耕地土壤侵蚀模数计算采用式（2.13）。通过计算分析得出，位于干热河谷区地块的径流系数为 0.40，位于湿润半湿润地区地块的径流系数一般为 0.30~0.40，取其平均值 0.35。根据张信宝（1996）改进的质量平衡模型对典型地块进行计算，土壤容重采用采样点实测土壤容重，地块土壤侵蚀速率采用加权平均法求算，其表达式为

$$Y = \sum_1^n \frac{Y_i X_i}{X} \tag{3.1}$$

式中：Y 为地块的平均侵蚀厚度或侵蚀模数；Y_i 为采样点处的侵蚀厚度或侵蚀模数；X_i 为采样点处所代表的坡长；X 为总坡长；N 为该地块的采样点个数。

利用模型对小江流域 20 块坡耕地土壤侵蚀速率的计算结果列于表 3.2。

表 3.2　　　　　　　　　小江流域坡耕地土壤侵蚀速率

样地编号	坡长/m	平均坡度/(°)	土壤类型	侵蚀厚度/(cm/a)	侵蚀模数/[t/(km²·a)]
XJP-1	50	22	黄壤	0.42	5988
XJP-2	50	26	黄壤	0.45	6482
XJP-3	21	18	黄壤	0.71	9317

样地编号	坡长/m	平均坡度/(°)	土壤类型	侵蚀厚度/(cm/a)	侵蚀模数/[t/(km² · a)]
XJP-4	20	23	黄壤	1.10	12454
XJP-5	28	16	黄壤	0.55	6282
XJP-6	40	20	黄壤	0.60	9804
XJP-7	20	10	黄壤	0.22	3287
XJP-8	30	15	红壤	0.32	3549
XJP-9	22	14	黄棕壤	0.30	5197
XJP-10	34	23	红壤	0.64	8282
XJP-11	50	11	黄棕壤	0.42	5116
XJP-12	30	11	红壤	0.24	2935
XJP-13	18	18	红壤	0.44	5717
XJP-14	50	27	红壤	0.46	6945
XJP-15	28	15	红壤	0.33	3749
XJP-16	34	14	红壤	0.30	3426
XJP-17	26	20	红壤	0.83	7598
XJP-18	32	19	黄壤	0.60	10097
XJP-19	24	30	冲积土	0.49	9473
XJP-20	34	20	红壤	0.48	7217

从表 3.2 可知，坡耕地的土壤类型主要为红壤、黄壤；坡度主要集中于 14°～22°范围，大于 25°的陡坡地有 3 块；坡耕地坡长受区内自然环境的影响，差异较大，14～50m 不等，主要集中于 20～35m 范围。坡耕地的年侵蚀厚度变化范围为 0.22～1.10cm，年侵蚀模数范围为 2935～12454t/(km² · a)。土壤侵蚀速率受土壤类型、坡度、坡长影响，差异明显。土壤类型从土壤的物质组成与结构方面影响侵蚀速率，坡度和坡长影响侵蚀的外动力大小。比较而言，黄壤侵蚀速率大于红壤，土壤侵蚀速率随坡度增加而增加。

3.1.2.2　非农耕地土壤侵蚀速率计算

非农耕地土壤侵蚀模数计算模型选取式（2.15），由公式计算所得的典型林地的土壤侵蚀厚度分别列于表 3.3，参照实测的土壤容重数据计算获得各采样点的侵蚀模数。为了计算地块的侵蚀厚度与侵蚀模数，进行加权计算，获得典型林地的年均侵蚀厚度与侵蚀模数分别为 0.086cm 和 956.2t/(km² · a)，典型草地的年均侵蚀厚度和侵蚀模数分别为 0.058cm 和 886.0t/(km² · a)。

由表 3.3 可知，本次研究林地主要为云南松林地，有 14 块样地，仅 2 个阔叶林地，这与小江流域自然植被的发育与分布有密切关系，即在中山、亚高山区主要分布云南松林，仅有少量阔叶林地发育。林地年侵蚀厚度一般 0.01～0.15cm，侵蚀模数一般 149～2000t/(km² · a)，主要分布范围为 0.02～0.13cm 和 355～1531t/(km² · a)，林地土壤侵蚀速率较其他地区的研究值略高，这与小江流域林地分布零散、林地面积小、受人为活动扰动大有关。

表 3.3 小江流域林地土壤侵蚀速率

样地编号	林地类型	坡长/m	坡度/(°)	土壤类型	侵蚀厚度/cm/a	侵蚀模数/[t/(km²·a)]
XJL-1	云南松	35	30	黄壤	0.02	355
XJL-2	云南松	23	35	红黄壤	0.12	1417
XJL-3	云南松	19	36	黄壤	0.11	1445
XJL-4	云南松	23	24	黄壤	0.13	1531
XJL-5	云南松	14	25	黄壤	0.12	1690
XJL-6	云南松	18	31	棕壤	0.15	2000
XJL-7	水冬瓜	46	34	黄棕壤	0.09	1119
XJL-8	云南松	50	27	黄棕壤	0.10	987
XJL-9	油松麻栎	50	36	黄棕壤	0.08	1363
XJL-10	云南松	48	22	红壤	0.04	1195
XJL-11	云南松	38	24	红壤	0.04	429
XJL-12	云南松	26	44	棕壤	0.09	956
XJP-13	云南松	30	29	棕壤	0.01	149
XJP-14	云南松	26	32	红壤	0.03	575

表 3.4 中数据显示灌丛地土壤侵蚀速率为 0.02～0.13cm/a，侵蚀模数为 330～1709t/(km²·a)。灌丛土壤侵蚀速率与土壤性质具有较明显的关系，冲积土土壤黏粒含量低、粗颗粒含量高，因此土壤孔隙度大，保水性能差，抗冲能力差，土壤侵蚀速率远大于棕壤的土壤侵蚀速率。

表 3.4 小江流域灌丛地土壤侵蚀速率

样地编号	坡长/m	坡度/(°)	土壤类型	侵蚀厚度/(cm/a)	侵蚀模数/[t/(km²·a)]
XJG-1	24	26	冲积土	0.13	1709
XJG-2	22	28	棕壤	0.02	330
XJG-3	30	47	棕壤	0.10	1439

表 3.5 中数据表明，草地年侵蚀厚度一般 0.01～0.27cm，侵蚀模数一般 201～3885t/(km²·a)，侵蚀速率主要范围为 0.06～0.27cm/a，侵蚀模数主要范围为 713～3885t/(km²·a)，少数高密度草地（亚高山区）侵蚀模数低于 500t/(km²·a)。草地土壤侵蚀速率受到坡度、坡长、土壤结构、植被盖度多种因素的影响，各地块有较大的差异，其侵蚀特征需要深入探讨和研究。

表 3.6 为不同土地类型侵蚀速率的对比。从表中可以看出，坡耕地的年均侵蚀厚度和侵蚀模数都明显大于其他三种土地类型，平均侵蚀速率达 0.48cm/a，而平均侵蚀模数达

到了 6464t/(km² · a)。坡耕地侵蚀速率远大于其他土地类型侵蚀速率是因为坡地耕作破坏了地表植被，落后的顺坡耕作方式及耕作期与暴雨同期，加上耕作改造了土壤的结构，其黏粒含量增加，土壤可蚀性增加，同时流域内坡耕地坡度多数处于 20°左右及以上的陡坡地区，为土壤侵蚀提供了充足的基础条件，因而侵蚀速率远远大于其他土地类型。

表 3.5　　　　　　　　　　　　　小江流域草地土壤侵蚀速率

样地编号	坡长/m	坡度/(°)	土壤类型	侵蚀厚度/(cm/a)	侵蚀模数/[t/(km² · a)]
XJC-1	48	25	红壤	0.13	1709
XJC-2	37	44	棕壤	0.02	330
XJC-3	54	24	棕壤	0.27	3885
XJC-4	38	29	红壤	0.04	526
XJC-5	50	14	黄棕壤	0.21	2519
XJC-6	26	43	棕壤	0.16	1782
XJC-7	26	44	黄棕壤	0.06	713
XJC-8	22	30	黄红壤	0.06	886
XJC-9	22	25	冲积土	0.12	2094
XJC-10	30	43	黄棕壤	0.01	201

表 3.6　　　　　　　　　　　　坡耕地、林地、草地侵蚀速率对比

土地类型	侵蚀速率/(cm/a)			侵蚀模数/[t/(km² · a)]		
	最大	最小	平均	最大	最小	平均
林地	0.15	0.01	0.085	2000	149	1087
灌丛	0.13	0.02	0.084	1709	330	1160
草地	0.27	0.01	0.10	3885	201	1400
坡耕地	1.10	0.22	0.48	12454	2935	6464

以云南松林为主的林地的年均侵蚀厚度为 0.085cm，平均侵蚀模数为 1087t/(km² · a)。草地是小江流域分布面积最大的土地类型，其年均侵蚀厚度为 0.10cm，平均侵蚀模数 1400t/(km² · a)，主要分布于 25°以上的坡面上，受植被盖度的影响，侵蚀速率有较大变化。同时，草地分布区又多是崩塌、滑坡、沟蚀充分发育的区域。受这些因素的影响，草地侵蚀速率变化较大，为 201～3885t/(km² · a)。干热河谷区陡坡地段发育不良的草地地块的土壤侵蚀速率应高于 3885t/(km² · a)，主要受到不良地质体的影响。灌丛在小江流域目前分布面积很少，主要集中于中山人为活动很少的陡坡地带，平均侵蚀速率为 0.084cm/a，平均侵蚀模数 1160t/(km² · a)。

比较而言，坡耕地平均侵蚀厚度是林地的 5.6 倍，是草地的 4.8 陪，侵蚀模数分别是林地和草地的 6 倍和 4.6 倍。流域土壤侵蚀速率大小顺序是：坡耕地＞草地＞灌丛＞林地，林地、草地、灌丛土壤侵蚀强度相对较弱。由于小江流域坡耕地坡度一般都大于 10°，且主要以陡坡耕地为主，因此，农耕地是流域土壤侵蚀速率最大的土地利用类型。

3.1.2.3　小江流域土壤侵蚀量计算

以确定的区域土壤侵蚀强度为基础，参照[137]Cs 测定的不同土地类型侵蚀速率，根据

土地利用与土壤侵蚀分区数据进行土壤侵蚀量的估算，估算模型为

$$S = \sum_{i=1}^{n} R_i X_i \tag{3.2}$$

式中：S 为流域年均土壤侵蚀量；R_i 为第 i 类土地类型的土壤侵蚀模数；X_i 为第 i 类土地类型的面积。

计算结果见表 3.7，基于此计算得到 1987 年、1995 年、2005 年小江流域土壤侵蚀量估算结果（表 3.8）。结果表明坡耕地、疏林地、中盖度草地、低盖度草地及裸地是土壤坡面侵蚀的主要来源，占总侵蚀量的 85.5%～86.5%，坡耕地的土壤侵蚀量最大，占侵蚀总量的近 30%，但其面积仅占流域面积的 10% 左右。

表 3.7　　　　　　　　　小江流域土地类型及土壤侵蚀强度分类表

一级类型	二级类型	土壤侵蚀强度	土壤侵蚀模数/[t/(km²·a)]
1 耕地	11 水田	无侵蚀～微度	0～200
	12 旱地	轻度～极强	500～12000
2 林地	21 有林地	微度	0～500
	22 灌木林	轻度	500～2500
	23 疏林地	中度	2500～5000
3 草地	31 高盖度草地	微度	<500
	32 中盖度草地	轻度	500～2500
	33 低盖度草地	中度	2500～5000
4 水域	42 湖泊	无侵蚀	0
	43 水库坑塘	无侵蚀	0
	46 河滩地	剧烈	<15000
5 城乡、工矿、居民用地	51 城镇用地	弱度	<500
	52 农村居民点用地	轻度	<2500
	53 工矿、交通用地	极强度	8000～15000
6 未利用地	66 裸岩或裸地	剧烈	>15000

表 3.8　　　　　　　　　小江流域不同时期土壤侵蚀量估算结果

土地利用类型	1987 年		1995 年		2005 年	
	土壤侵蚀量/(t/a)	占比/%	土壤侵蚀量/(t/a)	占比/%	土壤侵蚀量/(t/a)	占比/%
水田	16960	0.2	17508	0.2	18396	0.2
旱地	2022586	26.9	2443780	29.8	2515013	30.7
有林地	78230	1.0	76935	0.9	76415	0.9
灌木林	457080	6.1	440760	5.4	458415	5.6
疏林地	1554825	20.7	1517400	18.5	1516800	18.5
高盖度草地	325105	4.3	334980	4.1	331040	4.0
中盖度草地	1388258	18.5	906395	11.1	901530	11.0

续表

土地利用类型	1987 年		1995 年		2005 年	
	土壤侵蚀量/(t/a)	占比/%	土壤侵蚀量/(t/a)	占比/%	土壤侵蚀量/(t/a)	占比/%
低盖度草地	832469	11.1	1642675	20.1	1587033	19.4
水域	127775	1.7	115350	1.4	117850	1.4
城乡工矿用地	87000	1.2	117780	1.4	124140	1.5
未利用土地	624000	8.3	573750	7.0	533100	6.5
总计	7514288	100	8187312	100	8179732	100

3.2　干热河谷区沟蚀产沙

金沙江下游干热（旱）河谷区均为严重沟蚀地区。晚第三纪以来的风成堆积物和水成堆积物成岩作用差，容易产生沟蚀，干旱半干旱气候的集中高强度降雨有利于沟蚀的发育，因此，在干旱半干旱气候条件下的近代堆（沉）积物区域是沟蚀最为发育的地区。在这些地区，沟蚀是土壤侵蚀的重要形式和强烈发育的表现，面蚀居于次要地位。在金沙江下游支流龙川江中下游、普渡河、小江、以礼河、安宁河等流域河谷区和丘陵区，冲沟广为分布。

3.2.1　沟蚀的分布

3.2.1.1　干热特征指标值计算

干热河谷的类型划分是以干燥度来划分。气候干燥度作为衡量气候综合状况的指标之一，从气温和降水两个气象要素的组合来反映区域气候的整体变化，能很好地反映一个地区的干湿程度。

气候干燥度，或干燥度指数（Aridity index，简称 AI 或 K），是表征一个地区干湿程度的指标，一般以某个地区水分收支与热量平衡的比值来表示，在地理学和生态学研究中长期应用，近来成为全球变化研究中经常涉及的气候指标之一。根据研究区干湿季分明的气候特征，选取的干燥度指数包括三个指标：全年干燥度指标、旱季（6—10 月）干燥度指标、雨季（11 月至次年 5 月）干燥度指标。其中旱季干燥度指数和雨季干燥度指数分别表示研究区不同范围的降雨前期土壤的水分含量情况。降雨前期土壤的含水量情况对其抗蚀性有较重要的影响。一般情况下，降雨前期土壤长期处于高温且干旱的状况，其土壤营养条件差，土壤团粒少，抗蚀性一般也较正常情况差，其土体热胀冷缩效应明显，容易出现崩塌等产沙量大的土壤侵蚀现象。

采用谢良尼诺夫提出的干燥度经验公式，后来经我国科学家根据我国的实际情况对原公式中的经验公式进行大量推算，将其从 0.1 改为 0.16。基于修正的谢良尼诺夫公式的全年干燥度指数表达式为

$$K = 0.16 \times \frac{全年 \geqslant 10℃ 的积温}{全年 \geqslant 10℃ 期间的降水量} \tag{3.3}$$

基于修正的谢良尼诺夫公式的旱季和雨季干燥度指数表达式为

$$K_{旱} = 0.16 \times \frac{旱季 \geqslant 10℃ 的积温}{旱季 \geqslant 10℃ 期间的降水量}$$

$$K_{雨} = 0.16 \times \frac{雨季 \geqslant 10℃ 的积温}{雨季 \geqslant 10℃ 期间的降水量} \qquad (3.4)$$

3.2.1.2 干热河谷的分布及特征

利用式（3.4）计算金沙江下游的干燥度指数，然后提取 $K > 1.0$ 的区域，即为干热河谷区域图（图 3.2）。提取的干热河谷总面积 $7051km^2$，主要分布在海拔 3500m 以下的区域。金沙江干流区除永善县黄花镇—宜宾区间没有干热河谷分布外，整个干流区以及金沙江一级支流（如牛栏江、小江、黑水河、普隆河、龙川江、蜻蛉河）3500m 以下均有所分布，其中永仁县、元谋县分布范围最多。

图 3.2 金沙江下游干热河谷区分布图

干热河谷区除在永仁县、元谋县呈块状分布外，其他区域沿河谷呈带状分布，同时这些带状河谷区也是崩塌滑坡、泥石流较为发育的地区，表明在干热河谷区沟蚀与重力侵蚀多共同发育，沟蚀也是泥石流物质来源的一种重要侵蚀方式。

3.2.2　典型流域冲沟侵蚀的产沙量估算

龙川江中下游元谋盆地，由晚第三纪、第四纪河湖相沉积物组成的近代沉积物组成，是沟蚀发育最为典型的地区，具有很好的代表性。在元谋盆地选取16处在冲沟微小流域出口处有汇集上游泥沙的无排水系统的塘堰，进行剖面开挖，根据沉积旋回层规律，量测各旋回层厚度。利用高精度差分GPS进行冲沟区测量，利用三维激光扫描仪对典型沟头进行扫描。

3.2.2.1　冲沟形态特征指标分析

利用高精度差分GPS从野外实地测量获得各冲沟的位置和高程信息，进而在ArcGIS软件的支持下提取冲沟的各种形态特征数据。现任选6组GPS测定的冲沟沟沿特征点数据，经ArcMAP软件处理后可直观地呈现其冲沟形状，如图3.3所示。

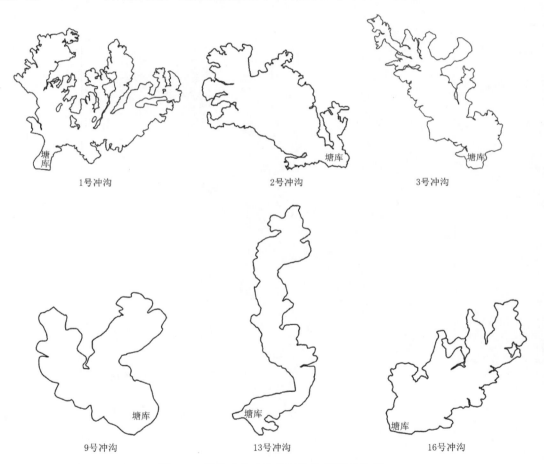

图 3.3　部分冲沟小流域冲沟沟沿形态特征

根据图3.3冲沟沟沿形状以及野外实地观测结果，获取冲沟区面积、冲沟区高程差、冲沟区长轴和短轴长度、冲沟区长轴方向比降、冲沟沟道水流汇合角、冲沟区沟沿长度、冲沟沟道分维数共8个指标因子。

由于所选指标多，数据共线性情况严重，无法使用最小二乘法对各指标因子与冲沟侵蚀产沙量之间进行回归分析，难以指出哪一项指标对研究区冲沟小流域冲沟侵蚀产沙的影响最大。采用主成分分析方法可以只挑选部分较为重要的变量，以减少变量数。

将冲沟各形态特征指标值标准化后进行主成分分析，得到其相关系数矩阵特征值及贡献率，见表3.9。

表 3.9   相关系数矩阵特征值及贡献率

主成分	特征值	贡献率/%	累计贡献率/%	方差提取率/%	累计方差提取率/%
F_1	5.184	64.798	64.798	64.798	64.798
F_2	1.010	12.625	77.423	12.625	77.423
F_3	0.896	11.198	88.621	11.198	88.621
F_4	0.560	7.003	95.624	7.003	95.624
F_5	0.306	3.824	99.448	3.824	99.448
F_6	0.041	0.509	99.957	0.509	99.957
F_7	0.003	0.031	99.988	0.031	99.988
F_8	0.001	0.012	100	0.012	100

从表3.9中可以看出，前三个主成分（冲沟区面积、高程差、冲沟长轴长度）的累计贡献率已达到88.62%，也就是说可以表述出原八个形态特征指标中88.62%的信息。主成分分析后的前三个主成分完全可以代表原冲沟形态特征的八个指标。其中前三个主成分的荷载矩阵见表3.10。

表 3.10   三个主成分的荷载矩阵

影响指标因子	F_1	F_2	F_3
冲沟区面积	0.936	0.300	0.035
冲沟区高程差	0.725	−0.350	0.417
冲沟长轴长度	0.970	−0.031	−0.135
冲沟短轴长度	0.944	0.296	0.089
冲沟区长轴方向比降	−0.666	−0.016	0.574
沟道水流汇合角	−0.481	0.710	0.390
冲沟区沟沿长度	0.944	0.286	−0.004
冲沟沟道分维数	−0.618	0.349	−0.462

3.2.2.2 冲沟小流域侵蚀产沙量回归方程

基于上述主成分分析结果，将获得的新主成分值与研究区冲沟小流域2006—2011年的年产沙量进行回归分析，进而分析各形态特征指标的系数对研究区冲沟小流域年产沙量的贡献率。

根据主成分载荷矩阵，以及各主成分对应的特征值，便可得到主成分系数，进而可以获得各冲沟小流域三个主成分值。主成分系数计算公式见式（3.5），计算结果见表3.11。

$$e_i = \frac{\alpha_i}{\sqrt{\lambda_i}} \tag{3.5}$$

式中：e_i 为主成分系数；α_i 为主成分荷载矩阵；λ_i 为主成分特征值。

表 3.11　　　　　　　　　　　　　主 成 分 系 数

影响指标因子	$F1$	$F2$	$F3$
冲沟区面积（x_1）	0.411	0.298	0.037
冲沟区高程差（x_2）	0.319	−0.348	0.440
冲沟长轴长度（x_3）	0.426	−0.031	−0.143
冲沟短轴长度（x_4）	0.415	0.295	0.095
冲沟区长轴方向比降（x_5）	−0.293	−0.016	0.606
沟道水流汇合角（x_6）	−0.211	0.707	0.412
冲沟区沟沿长度（x_7）	0.415	0.285	−0.005
冲沟沟道分维数（x_8）	−0.271	0.348	−0.489

因此，三个主成分与各指标的关系式分别如下：

$$F1 = 0.411zx_{1j} + 0.319zx_{2j} + 0.426zx_{3j} + 0.415zx_{4j}$$
$$- 0.293zx_{5j} - 0.211zx_{6j} + 0.415zx_{7j} - 0.271zx_{8j}$$

$$F2 = 0.298zx_{1j} - 0.348zx_{2j} - 0.031zx_{3j} + 0.295zx_{4j}$$
$$- 0.016zx_{5j} + 0.701zx_{6j} + 0.285zx_{7j} + 0.348zx_{8j}$$

$$F3 = 0.037zx_{1j} + 0.440zx_{2j} - 0.143zx_{3j} + 0.095zx_{4j}$$
$$+ 0.606zx_{5j} + 0.412zx_{6j} - 0.005zx_{7j} - 0.489zx_{8j}$$

其中，zx_{ij}（$i = 1, 2, \cdots, 8; j = 1, 2, \cdots, 16$）表示标准化后的冲沟形态特征的各指标，标准化公式为

$$zx_{ij} = \frac{x_{ij} - \min\limits_i x_{ij}}{\max\limits_i x_{ij} - \min\limits_i x_{ij}} \quad (i = 1, 2, \cdots, 8; j = 1, 2, \cdots, 16) \tag{3.6}$$

将表示冲沟形态特征的八个指标标准化后的数据代入上式，计算得三个主成分值，作为三个新指标，代表原八个指标。其计算结果见表 3.12。

表 3.12　　　　　　　研究区冲沟小流域冲沟形态特征各主成分值

侵蚀沟序列	$F1$	$F2$	$F3$
1	1.932	0.676	0.528
2	0.940	0.061	0.386
3	0.926	0.229	0.255
4	−0.020	0.144	0.258
5	−0.302	0.722	0.349

侵蚀沟序列	$F1$	$F2$	$F3$
6	0.467	−0.243	0.449
7	−0.374	0.467	0.296
8	−0.236	0.427	0.399
9	−0.544	0.906	0.311
10	−0.113	0.431	0.759
11	−0.195	0.111	0.955
12	0.292	0.534	1.080
13	0.065	0.225	0.061
14	0.129	0.041	0.638
15	−0.054	0.472	0.398
16	0.187	0.271	0.249

将上述三个主成分值与标准后的研究区冲沟小流域历年产沙量进行最小二乘回归，得到其系数结果列于表 3.13。

表 3.13　　　　　　　　　**最小二乘回归计算结果**

年份	常数 C	a	b	c	R^2	N	P
2006	−0.870	1.369	1.401	0.273	0.794	16	<0.001
2007	−0.867	1.366	1.406	0.265	0.792	16	<0.001
2008	−0.872	1.371	1.398	0.279	0.796	16	<0.001
2009	−0.878	1.371	1.399	0.289	0.797	16	<0.001
2010	−0.874	1.368	1.402	0.28	0.794	16	<0.001
2011	−0.853	1.367	1.399	0.237	0.791	16	<0.001

表 3.13 中，a、b、c 分别表示各回归方程中主成分 $F1$、$F2$、$F3$ 前系数。用 Y 表示标准化后的研究区历年冲沟小流域侵蚀产沙量，则其回归方程通式为

$$Y = C + a \cdot F1 + b \cdot F2 + c \cdot F3 \tag{3.7}$$

建立的回归方程，$R^2 \approx 0.8$，且 $P < 0.001$，表明此回归方程拟合程度高，且各主成分对研究区冲沟小流域历年产沙量具有显著影响。利用主成分与标准化后各指标之间的关系，将 $F1$、$F2$、$F3$ 的表达式代入上式，获得研究区冲沟小流域标准化后的历年产沙量 Y 与标准化后的各形态特征指标 zx_i（$i = 1, 2, \cdots, 8$）的关系式，式中各指标系数列于表 3.14。

表 3.14　　**研究区冲沟小流域历年产沙量与各指标因子的回归系数**

年份	常数	x_1	x_2	x_3	x_4	x_5	x_6	x_7	x_8
2006	−0.870	0.9910	0.0690	0.5007	1.0065	−0.2578	0.8134	0.9657	−0.0177
2007	−0.867	0.9909	0.0628	0.5006	1.0058	−0.2620	0.8138	0.9658	−0.0113

年份	常数	x_1	x_2	x_3	x_4	x_5	x_6	x_7	x_8
2008	-0.872	0.9912	0.0733	0.5008	1.0070	-0.2547	0.8133	0.9656	-0.0222
2009	-0.878	0.9918	0.0774	0.4994	1.0082	-0.2486	0.8181	0.9659	-0.0267
2010	-0.874	0.9911	0.0714	0.4993	1.0070	-0.2532	0.8172	0.9655	-0.0205
2011	-0.853	0.9883	0.0532	0.5051	1.0017	-0.2790	0.7976	0.9644	-0.0002

表 3.14 中各指标所对应回归系数的绝对值表示该指标对研究区冲沟小流域侵蚀产沙的贡献，将上述八个影响指标因子的贡献之和折合为 1，得到标准化的贡献率，见表 3.15。

表 3.15　　　　　　　研究区冲沟小流域冲沟形态特征指标标准化后贡献率

年份	x_1	x_2	x_3	x_4	x_5	x_6	x_7	x_8
2006	0.214	0.015	0.108	0.218	0.056	0.176	0.209	0.004
2007	0.215	0.014	0.109	0.218	0.057	0.176	0.209	0.002
2008	0.214	0.016	0.108	0.218	0.055	0.176	0.209	0.005
2009	0.214	0.017	0.108	0.217	0.054	0.176	0.208	0.006
2010	0.214	0.015	0.108	0.218	0.055	0.177	0.209	0.004
2011	0.215	0.012	0.110	0.218	0.061	0.174	0.210	0.000

由表 3.15 可以看出，研究区冲沟各形态特征指标对其小流域年产沙量的贡献率具有稳定性，在本次研究可获取数据的年限里基本保持不变。同时也具有差异性，从 2006 年到 2011 年间各形态特征指标的贡献率值略有变化。考虑到研究选取的处于发育中期的 16 个目标冲沟小流域，其流域内冲沟形态特征的变化在 2006—2011 年间可忽略不计，且除气象因子外，其他影响其年际变化的影响指标因子也无明显变化。选 2006 年作贡献率柱状图如图 3.4 所示。

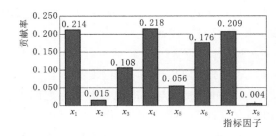

图 3.4　研究区 2006 年冲沟小流域
冲沟形态特征指标贡献率柱状图

从图 3.4 可直观地看出，2006 年小流域冲沟形态特征的八项指标中，冲沟短轴长度、冲沟区沟沿长度、冲沟区面积以及沟道水流汇合角这 4 项指标对研究区冲沟小流域年产沙量的贡献率最大，其和为 0.817（81.7%），这与 2006—2011 年间 4 项指标贡献率的平均值相同，说明这 4 项指标对冲沟侵蚀产沙具有决定性的影响力。

冲沟短轴长度对小流域沟蚀产沙影响最大，且为正影响。这说明冲沟发育规模越宽，其侵蚀产生的泥沙越容易被搬运到流域出口。根据野外实地调查发现，凡冲沟短轴较短者，其径流路径也多，上游泥沙搬运距离相对要短，沿途填洼等方式损失的泥沙量也越少，泥沙到达流域出口塘库沉积下来的泥沙量绝对值也越大。

冲沟区面积对小流域冲沟侵蚀产沙量的影响略小于冲沟短轴，也为正影响。冲沟区面积越大，其小流域坡面一般也越破碎，土体结构被破坏情况也越严重，侵蚀产生泥沙的区域面积也越大，对整个冲沟小流域的年产沙量起促进作用。

冲沟区沟沿长度对小流域冲沟侵蚀产沙量的影响也较大，且为正影响。冲沟区沟沿边坡是冲沟小流域年产沙量的重要来源。冲沟区边坡陡峭，植被覆盖率低或为裸土，且由于研究区特殊的土壤特征，在降雨的渗透和沟底径流冲淘下容易发生整体垮塌，形成松散堆积土体，被沟道中的径流继续冲刷侵蚀，带到流域出口。因此，冲沟区沟沿越长，泥沙来源越多，在泥沙输移比一定的条件下，泥沙基数越大，输送到流域出口处的泥沙量就越大。

沟道水流汇合角对研究区小流域冲沟侵蚀产沙量的影响相对于前三者要小一些，但其贡献率仍可达 0.173。沟道水流汇合角对沟蚀产沙的影响方式与冲沟短轴类同。汇合角越大，流域出口塘库接受来自上游的携沙径流的广角越大。在汇流面积一定的前提下，其汇合角越大，汇流路径越短，泥沙在输移过程中损失量也越小，对流域出口处塘库的泥沙积累起促进作用。

余下 4 项指标中，除冲沟长轴长度对其小流域年产沙量的影响达到 0.109 外，长轴方向比降、高程差及冲沟沟道分维数对研究区冲沟小流域年产沙量的影响相对来说均很小，贡献率由大到小依次为 0.053、0.016 和 0.002。

1) 冲沟长轴长度对研究区冲沟小流域年产沙量的影响综合来看具有微弱的正影响。当长轴较长时，冲沟区面积一般较大，泥沙来源也一般较多；但较长的长轴拉长了泥沙运输路径，进而增加了泥沙在搬运过程中的损失量。因此，长轴对研究区冲沟小流域年产沙量的影响力在一正一负两种效应的作用下，体现得很微弱。

2) 研究区冲沟小流域冲沟沟底较为平缓（绝大部分比降在 30% 以下），虽然所选冲沟小流域冲沟区面积较小的流域中，有出现比降较大的情况，但由于样本数量非常有限，不能很好地反映比降对流域产沙的影响。由此，研究区冲沟小流域冲沟长轴方向比降对冲沟侵蚀产沙的影响效果不明显。

3) 高程差对小流域侵蚀产沙的影响一般认为是显著的，但由于本次选取的小流域均为以冲沟侵蚀为主的小流域，沟头、沟沿处多垂直边坡，高程落差较大，沟道内携沙径流路径高程差与整个冲沟区的绝对高程差存在较大出入，因此本次研究在实地条件下测得的冲沟区高程差对冲沟流域侵蚀产沙的影响作用强度不大。

4) 冲沟道分维数表示冲沟区沟壑复杂程度或单位面积坡面破碎程度。一般沟壑越破碎，土壤越容易被侵蚀。但单位面积上沟壑形状表现越复杂的冲沟，其总面积往往较小。这使得部分冲沟由于面积小，即使其沟壑破碎程度大，也对整个输出流域出口的绝对泥沙量影响不大。

3.3 重力侵蚀产沙

3.3.1 滑坡泥石流灾害分布

金沙江下游地区内断裂构造发育，新构造运动活跃，地壳快速隆升，河流强烈下切，区内山高谷深，坡面稳定性差，山地地表活动强烈，加上人类活动的不断加剧，生态环境逐渐遭到破坏，生态系统自我修复能力逐渐退化，泥石流滑坡灾害异常发育（杨子生，2002）。

通过野外考察和遥感解译，金沙江下游共有泥石流沟1167条，重大水电工程区共有泥石流沟522条。其中：攀枝花—乌东德电站区域共有泥石流沟326条，主要沿龙川江干流分布，共有泥石流沟108条。乌东德库区沿河两岸共有泥石流沟160条，乌东德库区回水长度为106km，泥石流沟线密度为1.51条/km。乌东德电站—白鹤滩电站区域共有泥石流沟339条，主要沿小江和黑水河分布，其中黑水河沿岸有泥石流沟96条，小江沿岸有泥石流沟92条。白鹤滩库区沿河两岸共有泥石流136条，白鹤滩库区回水长度为183km，泥石流沟线密度为0.74条/km。白鹤滩电站—溪洛渡电站区域共有泥石流沟346条，主要分布于西溪河和美姑河，分别为73条和97条。溪洛渡库区沿河两岸共有泥石流138条，溪洛渡库区回水长度为204km，泥石流沟线密度为0.65条/km。溪洛渡电站—向家坝电站区域共有泥石流156条。向家坝库区沿河两岸共有泥石流沟88条，向家坝库区回水长度为156.6km，泥石流沟线密度为0.56条/km。金沙江下游重大水电工程区泥石流沟线密度见表3.16。

表3.16　　　　　　　　金沙江下游重大水电工程区泥石流沟线密度统计

库区名	泥石流沟总数/条	支流泥石流沟/条	干流区泥石流沟/条	库区回水长度/km	泥石流沟线密度/(条/km)
乌东德库区	326	166	160	106.0	1.51
白鹤滩库区	339	203	136	183.0	0.74
溪洛渡库区	346	208	138	204.0	0.65
向家坝库区	156	68	88	156.6	0.56

3.3.2　泥石流侵蚀产沙估算

3.3.2.1　基于3S技术的单沟泥石流产沙估算模型

估算模型采用地形地貌对比法，即将两个不同时期数字方程模型（DEM）计算得到的体积进行相减，由此算出侵蚀量，计算式为

$$V = V_1 - V_2 \tag{3.8}$$

式中：V为计算得到的侵蚀量；V_1为第一个时期的体积；V_2为第二个时期的体积。

以驾车河泥石流为例进行泥石流侵蚀产沙估算。驾车河位于乌东德电站区域内，位于四川省会理县境内，流域北面为通安河（普隆河的支流）。在遥感影像上可以看出这是一条暴发强烈的泥石流沟（图3.5），在1989年1月11日的遥感影像上，可以明显看出驾车河泥石流的暴发将主沟堵塞，形成了一个堰塞湖。

计算过程是：先校准地形图，再选择流域内的不变点进行精校准利用不规则三角网（Triangulated Irregular Network，TIN）。驾车河泥石流侵蚀量计算覆盖整个流域，分为两个部分，一个是泥石流沟流域，另一个是沟口堆积部分（图3.6）。

图 3.5 不同时期驾车河泥石流活动特征

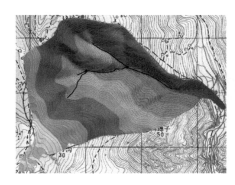

图 3.6 驾车河 1956 年和 1988 年的 TIN 模型

计算结果表明，1956 年在河口高程 1020m 以上的山坡体积总量为 39.279 亿 m³，1988 年在河口高程 1020m 以上的山坡体积总量为 38.976 亿 m³，侵蚀总量为 0.303 亿 m³，平均每年侵蚀 91.8 万 m³。经过对河口部分的分析计算，在河口部分堆积体积为 240 万 m³，扣除堆积部分后，驾车河每年向金沙江输送固体物质为 84.5 万 m³。1956—1988 年的 33 年间，在河口淤积的 240 万 m³ 泥石流活动物质迫使堆积扇向金沙江对岸推进 50m。

利用此方法能够较为精确地定量计算泥石流的侵蚀产沙量，此方法应用于小流域单沟泥石流较为有效。但此方法需要针对两期地形图数据进行精确的配准，对于大区域范围来讲，获取数据源难度较大，因此需要建立区域泥石流产沙量的估算方法。

3.3.2.2 基于 3S 技术的区域泥石流产沙估算模型

1. 原理方法

泥石流滑坡体的形成受到其自身发育情况和地形条件的制约，在一定时期内形成一个平衡体，因此其厚度和体积是相对稳定的数值，这和冰川的形状在某种程度上是相似的。在假定泥石流滑坡体与冰川形态基本一致的情况下，借鉴冰川厚度与面积的经验公式，能够建立体积与面积间的公式。利用野外调查灾害等已知数据，推导金沙江下游地区泥石流滑坡体的体积经验公式为

$$V = aS + bS^c$$

(3.9)

式中：V 为某一滑坡体体积；S 为滑坡体面积；a、b、c 为泥石流滑坡需要推导求解的参数。

结合遥感影像体积的变化特征，可以得到金沙江下游地区产沙量的变化。利用野外滑坡调查数据表中体积、面积数据，采用规划求解宏对方程进行求解，得到 $a=-107.88$，$b=164.36$，$c=1.782$，因此金沙江研究区内泥石流滑坡的体积和面积关系的经验公式为

$$V=-107.88S + 164.36S^{1.782} \tag{3.10}$$

2. 基于遥感影像的金沙江干流区域产沙量估算

利用 1992 年、2001 年研究区（Enhanced Thematic Mapper，增强型专题绘图仪）影像，将由 TM542 生成的湿度指数与绿度指数之差值所得到的影像，生成新的图像[TM 影像是指美国陆地卫星 4～5 号专题绘图仪（Thematic Mapper）所获取的多波段扫描影像]；由 TM 的第 5、第 4 波段生成水体掩膜；采用第 5、第 4、第 3 波段组合运算得到城市掩膜，最后采用 ENVI4.3 掩膜技术（ENVI 是一款遥感影像处理软件）构建掩膜，几个图像相减后便得到一个时期的泥石流滑坡灾害体，矢量化后得到主要产沙区的分区（图 3.7）。在新的影像中正值代表侵蚀区域，0 代表非泥石流活动区，负值代表已经稳定区。将正值部分矢量化，并计算各斑块面积；将各斑块面积代入经验公式，可得到白鹤滩库区的产沙量。经过计算，金沙江下游干流库区 1992—2001 年间的侵蚀量为 5.8 亿 m^3，平均每年为 6460 万 t。主要的产沙区集中在小江口—茶棚子和黄草坪—新田一带。

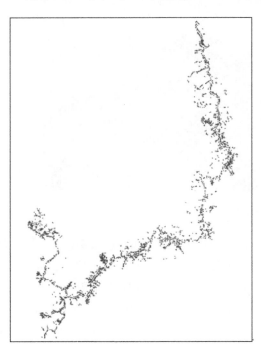

图 3.7　金沙江干流泥石流滑坡自动提取成果

3.3.2.3　基于调查与统计分析的区域泥石流产沙估算

1. 基本方法及思路

通过野外调查，以及收集以往崩塌滑坡泥石流灾害的调查资料，对典型重大灾害的规模、物质组成、容重等指标参数开展分析，查清重点研究区不同规模等级的灾害数量。合理确定各规模等级泥石流体的平均固体物质一次冲出方量（体积）、平均容重以及土粒占下滑岩土体的比例；通过地质灾害年度报告确定泥石流年发生率。在此基础上，建立泥石流侵蚀产沙量的计算方法。

$$A_D = B_D \times \sum(V_{Di} \times N_{Di} \times R_{Di}) \tag{3.11}$$

式中：A_D 为研究区域年均泥石流侵蚀量，t/a；B_D 为平均容重，t/m³；N_{Di} 为各规模等

级泥石流的数量，个；V_{Di} 为平均固体物质一年冲出方量，万 m^3；R_{Di} 为研究区各规模等级滑坡、泥石流年均发生率，%。

2. 区域泥石流产沙估算

各规模等级泥石流平均固体物质一年冲出方量 V_{Di} 及年均发生率 R_{Di} 确定为：特大型平均方量 $160\sim200m^3$，年均发生率 $7.0\%\sim15\%$；大型平均方量 $65\sim80m^3$，年均发生率 $8.0\%\sim20\%$；中型平均方量 $25\sim35m^3$，年均发生率 $8.0\%\sim25\%$；小型平均方量 $4.5\sim8.5m^3$，年均发生率 $12.0\%\sim30\%$。泥石流平均容重 B_D 范围在 $1.7\sim2.3t/m^3$，平均取值为 $2.0t/m^3$。表 3.17 为金沙江下游泥石流侵蚀产沙量估算情况。

表 3.17　　　　　　　　　金沙江下游泥石流侵蚀产沙量估算

泥石流规模类型	数目 N_{Di}/条	年均冲出方量 V_{Di}/万 m^3	年均 R_{Di}/%	平均容重 B_D/(t/m³)	侵蚀方量/万 t
特大型	68	180	7.0	2.0	1958
大型	200	78	8.0	2.0	4056
中型	308	30	8.0	2.0	3326
小型	591	8	12.0	2.0	2837
总和	1167				12177

因 2010 年以来金沙江下游泥石流暴发次数相较 2000 年呈下降趋势，因此年发生率取下限值，年均固体物质冲出方量取平均值，估算金沙江下游泥石流侵蚀产沙量区域重力侵蚀量，为 12177 万 t。因金沙江干流库区泥石流数目占整个下游地区的 47.3%，因此推算干流区泥石流产沙量为 5760 万 t。干流区泥石流的总面积为 $6226.2km^2$，因此干流区泥石流的平均产沙模数为 $9251t/(km^2 \cdot a)$，属于极强度侵蚀。

利用灾害事件综合统计数据建立的估算方法虽然计算简单，但是如何对涉及的各变量，尤其是泥石流年均冲出固体物质量与年均发生率这两个变量进行合理取值，成为影响估算结果的重要因素，这些都建立在已发生灾害的概率统计分析基础上。以往灾害调查的详细程度制约了各变量的取值。因此，今后的工作需要考虑针对不同泥石流形成的区域特征，合理分析变量的取值，建立较为准确、适用的估算方法。

利用遥感影像建立的侵蚀产沙量估算方法计算的金沙江干流区的侵蚀产沙量平均每年为 6460 万 t；利用统计分析方法建立的估算方法推算干流区泥石流产沙量为 5760 万 t。因 2010 年后金沙江下游地区降雨量呈减少趋势，泥石流暴发的频次亦减少，变量取值为下限，使得统计方法估算的泥石流产沙量较遥感技术估算的产沙量少 12%。

3.3.3　金沙江下游干流泥石流侵蚀产沙分区

通过对研究区泥石流的发育条件、形成过程的分析，分别从物源条件、激发条件、动力条件等间接指标因素，以及泥石流的空间分布密度和泥石流活动强度等直接指标因素中选择因子（图 3.8），通过敏感性分析开展泥石流侵蚀产沙分区研究，表 3.18 总结了金沙江下游干流泥石流产沙特征。其中：攀枝花—丙弄为轻度产沙区，丙弄—中武山村为中度产沙区，中武山村—对坪为极强产沙区，对坪—雷波美姑河入口为中度产沙区，美姑河入口—桧溪为强度产沙区，桧溪—屏山为轻度产沙区，如图 3.9 所示。

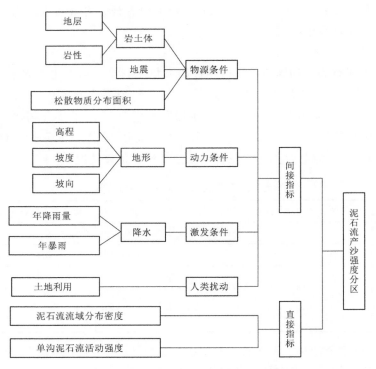

图 3.8　泥石流侵蚀产沙分区指标因子选取

表 3.18　　　　　　　　金沙江下游干流泥石流产沙分段概述

分区名称	分区级别	干流长度/km	干流泥石流数量	产沙特征
攀枝花—丙弄	轻度产沙区	122.69	118	干流区为中等强度产沙区，虽然泥石流沟数量较多，但多为坡面泥石流，总体来说产沙强度不大
丙弄—中武山村	中度产沙区	54.28	15	产沙高强度区，分布几条活动强烈的泥石流沟，如驾车河，白泥洞
中武山村—对坪	极强产沙区	256.60	181	产沙极强区，区域松散物质储量丰富，地震活动频繁，降雨因子，人类活动等均利于泥石流的发展。泥石流非常活跃，产沙与输沙量最大
对坪—雷波美姑河入口	中度产沙区	120.93	54	降雨强度的降低和构造活动的减弱，产沙强度相对较低
美姑河入口—桧溪	强度产沙区	80.24	56	这一段存在一个地震高发区，是金沙江下游段大寨至宜宾段产强度最大的区域
桧溪—屏山	轻度产沙区	122.30	80	虽然这一区域内发育了许多沟谷型泥石流沟，但由于受到地震、物源条件的限制，属于整个区域产沙强度最低区

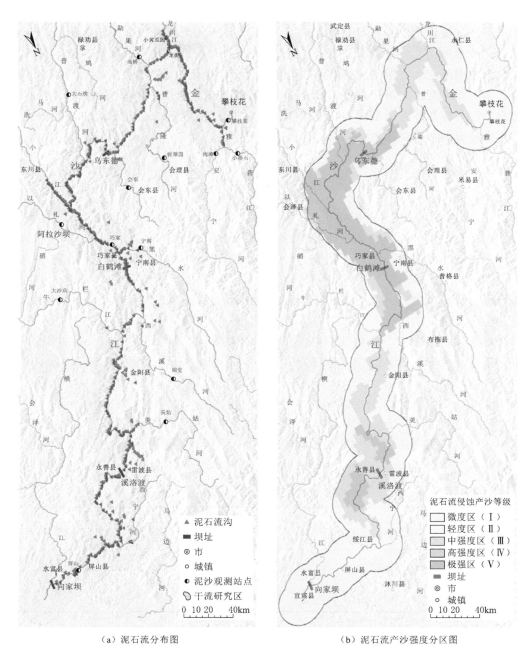

（a）泥石流分布图　　　　　　　　　　（b）泥石流产沙强度分区图

图 3.9　金沙江下游干流泥石流产沙特征

3.4　典型流域泥沙来源分区

本节仍以小江流域作为典型，分析流域泥沙来源分区特征。小江流域东川区境内 90km 范围内，小江两岸发育有灾害性的沟谷型泥石流沟 10 处，坡面型泥石流沟成群密布。泥石流冲出的大量泥沙石块，通过小江进入金沙江，小江是金沙江泥沙的主要来源之一。选择小江流域为库区典型流域，运用^{137}Cs 作为开展流域泥沙来源示踪研究，可以区别不同泥沙源地的泥沙贡献率。通过对流域土地利用/覆被情况进行实地调查与分析，确定侵蚀流域内的主要土壤侵蚀类型，并适当进行产沙单元的分类合并，然后分别在不同产沙单元内选择典型地块进行表层土壤取样，泥沙样品采集流域中塘库沉积泥沙表层样品或流域出口河流泥沙样品混合样。测定各类样品的^{137}Cs 活度后，通过下面的配比公式求算各类产沙单元的相对贡献率：

$$C_d = \sum_1^n C_i x_i$$
$$\sum x_i = 100\%$$

(3.12)

式中：C_d 为流域沉积泥沙表层样品的^{137}Cs 活度，Bq/kg；C_i 为不同侵蚀单元类型的^{137}Cs 的活度，Bq/kg；x_i 为各侵蚀类型与产沙单元的泥沙贡献率。

在小江流域内选择 5 条泥石流沟、5 条非泥石流沟和小江主河，包括坡耕地、林草地、裸地和泥石流沟道堆积物，共采集 39 份样品，其中源地土壤表层样 27 份（林草地草地表层样 13 份，坡耕地表层样 10 份，裸地 4 份）；泥石流沟道堆积物 8 份（粗颗粒）；非泥石流沟沟道淤泥 4 份。

源地土壤表层样中，10 份坡耕地表层样^{137}Cs 浓度为 0.80~1.85 Bq/kg，平均值 1.21 Bq/kg；13 份林草地表层样^{137}Cs 浓度为 2.75~11.70 Bq/kg，平均值 6.66 Bq/kg；4 份裸地表层样均未测出^{137}Cs 含量。非泥石流沟沟道淤泥表层泥沙样 4 份，其^{137}Cs 浓度为 0.23~0.36 Bq/kg，平均值为 0.29 Bq/kg。

采集小江流域 325 个土壤表层样品、25 个泥石流滩地表层样品及 29 个小江及其主要支流泥沙样品，测定其粒度组成，分析坡面侵蚀、泥石流与河流泥沙的关系。样品分析结果见表 3.19。

表 3.19　　　　　**坡面侵蚀物、泥石流堆积物、泥沙样品粒度组成**

物质来源	粒度组成/%						
	<0.002mm	<0.02mm	<0.05mm	<0.25mm	<0.5mm	<1.0mm	<2.0mm
坡面侵蚀物	13.36	59.21	80.19	94.11	96.35	100.00	100.00
泥石流物质	3.09	17.13	23.85	39.37	54.87	76.10	100.00
河道泥沙	1.59	8.56	17.99	51.26	72.53	80.93	100.00

注　表中数据为三类物质的平均粒度组成。

表 3.19 数据揭示 0.25mm 是物质变化的关键粒度值，<0.25mm 的物质在泥沙中所占含量大于泥石流物质，而小于坡面侵蚀物质，而在此之前的粒径范围内，泥石流物质的含量大于泥沙样品。据此可以建立粒度分析模型如下：

$$94.11x + 39.37y = 51.26$$
$$5.89x + 60.63y = 48.74$$
$$0 < x, y < 1$$

(3.13)

解方程得到 $x = 0.7765$，$y = 0.282$，因为坡面侵蚀产沙和泥石流输沙是小江流域最主要的两种输沙方式，计算两者的比率，得出坡面侵蚀产沙与泥石流产沙占泥沙总量分别为 26.6% 和 73.4%。

按照小江水文站的观测数据，小江流域平均输沙模数 3016t/(km² · a)，年均输沙量为 918 万 t/a，则坡面侵蚀产沙量约为 244 万 t/a，而泥石流侵蚀产沙量为 674 万 t/a。利用 2010 年小江流域的土地利用类型图，结合小江流域侵蚀强度分区图，绘制小江流域泥沙来源分区图（图 3.10），可以得到：①在小江干流以及泥石流沟道两岸地区，崩塌滑坡与沟蚀分布界限并不十分明显，往往两种方式互相交织，其中崩塌滑坡面积为 119.4km²，沟蚀面积为 232.87km²，分别占小江流域总面积的 3.90% 和 7.60%，根据泥沙来源分析，11.50% 的面积却成为小江流域 73.4% 的泥沙来源地；②坡耕地与稀疏灌草坡面侵蚀面积为 347.7km²，占小江流域总面积的 11.35%，其中坡耕地面积为 312km²，坡耕地与稀疏灌草成为小江坡面泥石流来源的主要来源地；③林地及中高盖度草地面积为 1457.88km²，占整个流域的 47.59%，属于轻度侵蚀区；④微度或无侵蚀区面积为 905.88km²，占整个面积的 29.57%，土地利用类型主要为水库湖泊、小江滩地、水田、城镇交通用地。

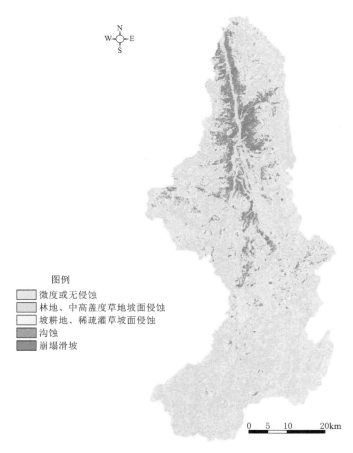

图例
- 微度或无侵蚀
- 林地、中高盖度草地坡面侵蚀
- 坡耕地、稀疏灌草坡面侵蚀
- 沟蚀
- 崩塌滑坡

0 5 10 20km

图 3.10 小江流域泥沙来源分区图

3.5　小结

金沙江下游主要的产沙类型为坡耕地坡面产沙、沟蚀产沙和滑坡泥石流重力侵蚀产沙三种类型，在确定其主要分布范围的基础上，分别选择典型流域对其开展定量评估。

选择小江流域作为坡耕地侵蚀产沙研究对象，研究结果表明坡耕地平均侵蚀模数分别是林地和草地的 6 倍和 4.6 倍，农耕地是流域土壤侵蚀速率最大的土地利用类型。计算得到 1987 年、1995 年、2005 年小江流域土壤侵蚀量分别为 751.43 万 t，818.73 万 t 和 817.97 万 t，其中坡耕地的土壤侵蚀量最大，其面积仅占流域面积的约 10%，但侵蚀量占侵蚀总量的约 30%。

金沙江下游干热河谷总面积 7051km²，主要分布在海拔 3500m 以下的区域，选取龙川江中下游元谋盆地作为典型干热河谷区开展冲沟形态及侵蚀产沙特性研究，结果表明冲沟短轴、冲沟区沟沿长、冲沟区面积以及沟道水流汇合角这四项指标对冲沟侵蚀产沙具有决定性的影响力，其总的贡献率达到 81.7%。

金沙江下游地区泥石流滑坡灾害异常发育，是典型的重力侵蚀产沙区，估算得到金沙江下游泥石流侵蚀产沙量为 12177 万 t/a，其中中武山村—对坪为极强产沙区，美姑河入口—桧溪为强度产沙区，其他区域为轻度到中度侵蚀产沙区。

第4章 川江上段及支流重点产沙区产沙特征与机理

4.1 重点产沙区^{137}Cs背景值的空间变异性

了解^{137}Cs在流域土壤中的分布特征是利用核素示踪法研究流域土壤侵蚀产沙特征的基础。研究流域土壤中的核素分布特征包括以下几个方面的内容：一是流域不同气候区^{137}Cs背景值特征及分异性；二是^{137}Cs在不同景观斑块土壤剖面中的分布特征；三是^{137}Cs在不同土壤颗粒组成中的含量分布特征。分析流域内^{137}Cs的分布特征，可对流域内土壤扰动程度进行估测，并根据扰动特征决定采用哪种侵蚀模型进行土壤侵蚀估算（张信宝 等，2007）。

应用^{137}Cs研究耕地或非耕地土壤侵蚀产沙问题，不管应用哪一种模型，首先需要确定^{137}Cs的背景值。虽然^{137}Cs示踪法已在中短期（60年内）土壤侵蚀产沙研究中应用得非常广泛，但由于大气中^{137}Cs在地面的不均匀散落、^{137}Cs在土壤中的不均匀渗透及瞬时径流引起的核素再分布等原因，造成不同区域的^{137}Cs含量存在较大的差异。^{137}Cs背景值的变异性往往对土壤侵蚀速率的计算结果产生重大影响，甚至与现实土壤侵蚀量相去甚远。很多研究中背景值的样点数偏少，甚至用单个剖面代表某一流域的背景值，忽略了局域地形高差变化和不均匀降水造成^{137}Cs分布的变异性。

鉴于此，本研究选择长江上游岷江流域、嘉陵江流域、沱江流域及长江干流为典型取样区，在各流域内选择典型样点采样。由于^{137}Cs的参照剖面要求侵蚀、沉积均很微弱，为了研究的需要，在研究区内选取垦殖多年的水田及未受破坏的森林进行取样，每个典型取样区内3～5个。共取得83个^{137}Cs的参照剖面，其中包括岷江流域3个典型取样区15个^{137}Cs背景值样品，嘉陵江流域4个典型取样区20个^{137}Cs背景值样品，沱江流域5个典型取样区25个^{137}Cs背景值样品，以及长江干流5个典型取样区23个^{137}Cs背景值样品（表4.1）；进而研究长江流域重点产沙区^{137}Cs背景值的变异程度并确定各支流流域的^{137}Cs背景值含量。每个参照剖面的采集，用内径6.5cm、高20cm的土钻垂直坡面取剖面样，取样深度为30～40cm。土样取出后，分层按相同深度取土样装入同一土袋，装入标签2个，封口，并在袋子外面用铅笔标记样品编号。

20世纪70年代中期以后，^{137}Cs沉降量极微，由于自然衰变，^{137}Cs本底值逐年略有降低。土壤侵蚀量的^{137}Cs法研究一般取基本无侵蚀土地（平坦草地或农地）的^{137}Cs面积浓

表 4.1　　　　　　　　　　^{137}Cs 背景值样品的采样点基本信息

流域范围	地　点	纬度/(°)	经度/(°)	土地利用类型	样品编号
岷江流域	叙州区蕨溪镇楼房坝村	28.862051	104.277407	柏木林	9－15－001 背景 1～ 9－15－001 背景 5
岷江流域	叙州区柳嘉镇江山村	29.103198	104.288763	水稻田	9－16－003 水田 1～ 9－16－003 水田 5
岷江流域	犍为县新民镇宫堂村	29.102467	104.295063	水田（刚改种玉米）	9－17－003 背景 1～ 9－17－003 背景 5
嘉陵江流域（渠江）	广安市崇望乡柑子园	30.560562	106.652992	水稻田	10－17－背景 1～ 10－17－背景 5
嘉陵江流域（渠江）	广安市前锋区虎城镇柏树村	30.557063	106.786252	水稻田	10－18－背景 1～ 10－18－背景 5
嘉陵江流域（渠江）	渠县琅琊镇奉家村	30.731058	106.978523	水稻田	10－19－背景 1～ 10－19－背景 5
嘉陵江流域（渠江）	渠县李馥镇真武村	30.934080	106.979677	水稻田	10－20－背景 1～ 10－20－背景 5
沱江流域	泸州市江阳区况场镇团山村	28.935671	105.348414	撂荒水稻田	6－2－背景 1～ 6－2－背景 5
沱江流域	泸县牛滩镇红旗村	29.015418	105.342959	梯田（两年前为水田）	6－3－背景 1～ 6－3－背景 5
沱江流域	富顺县怀德镇安怀村	29.016825	105.223001	梯田（两年前为水田）	6－4－背景 1～ 6－4－背景 5
沱江流域	富顺县安溪镇幺灏村	29.014419	105.034527	梯田（两年前为水田）	6－5－背景 1～ 6－5－背景 5
沱江流域	富顺县琵琶镇土地村	29.095919	105.039506	旱地（撂荒三年）	6－6－背景 1～ 6－6－背景 5
长江干流	泸县太伏镇沙河村	29.01246	105.71325	水稻田	7－4－背景 1～ 7－4－背景 5
长江干流	合江县二里乡大木树村	28.64280	105.72719	旱地（水田撂荒两年）	7－5－背景 1～ 7－5－背景 5
长江干流	江阳区丹林乡罗嘴村	28.85360	105.22324	旱地（水田撂荒两年）	7－6－背景 1～ 7－6－背景 5
长江干流	翠屏区宋家乡胡坝村	28.76098	104.83921	旱地（水田转化四年）	7－7－背景 1～ 7－7－背景 3
长江干流	翠屏区赵场镇芝麻村	28.67862	104.59642	旱地（水田转化两年）	7－8－背景 1～ 7－8－背景 5

度为 ¹³⁷Cs 本底值。¹³⁷Cs 主要伴随降雨降落于地面,因此纬度高低、降水多寡、水汽来源对 ¹³⁷Cs 本底值影响较大。中高纬度和降水量大的地区,¹³⁷Cs 本底值高,反之则低。以岷江流域为例,土壤分层样剖面的 ¹³⁷Cs 深度分布如图 4.1 所示,表层土壤(0~4cm)¹³⁷Cs 浓度最高,达到了 8.05Bq/kg,随深度的增加 ¹³⁷Cs 浓度呈迅速下降的趋势,深度 18cm 以下土层基本不含 ¹³⁷Cs,分层样剖面 ¹³⁷Cs 面积活度为 1473.9Bq/m^2。各区域的本底值样品 ¹³⁷Cs 面积活度为 1289.5~1837.61Bq/m^2,平均值为 1634.8Bq/m^2,变异系数为 16.3%(表 4.2)。

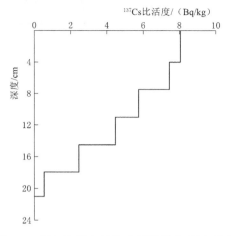

图 4.1 岷江流域本低值分层样 ¹³⁷Cs 深度分布

表 4.2 长江流域 ¹³⁷Cs 背景值

区 域	¹³⁷Cs 本底值/(Bq/m^2)	变 异 系 数
岷江流域	1473.9±146.4	
嘉陵江流域(渠江)	1626.4±221.8	16.3%
沱江流域	1782.2±168.3	
长江干流	1289.5±177.5	

4.2 不同土地利用类型地块¹³⁷Cs 的变化特征

为研究长江上游流域不同土地利用地块、坡度与土壤侵蚀的关系,在该流域内不同研究区各不同土地类型采集了大量土样,包括林地 42 个样品,坡耕地 62 个样品,采集土样的基本信息见表 4.3。取样采用平行双剖面线法,即沿取样地最大坡度方向,相隔 2~3m,平行布设两条取样地形剖面线。沿剖面线间隔 3~4m 平行采集一个土壤样品,土壤样品包括全样和分层样两种,使用取样钻采集土壤样品。土壤全样取样深度 25~40cm,大于坡地犁耕层深度;土壤分层样的分层厚度 3~5cm,取样深度 30cm。

表 4.3 长江上游不同土地利用 ¹³⁷Cs 土壤样品的采样点基本信息

流域范围	地 点	纬度/(°)	经度/(°)	土地利用类型	样 点 编 号
岷江流域	叙州区蕨溪镇楼房坝村	28.862312	104.280522	坡耕地(砂仁)	9-15-002 坡 1~9-15-002 坡 5
	叙州区蕨溪镇楼房坝村	28.864290	104.285269	林地(柏木林)	9-15-003 林 1~9-15-003 林 3
	叙州区柳嘉镇江山村	29.103241	104.294975	坡耕地(毛豆+玉米)	9-16-001 坡 1~9-16-001 坡 5
	叙州区柳嘉镇江山村	29.104385	104.290801	林地(云南松)	9-16-002 林 1~9-16-002 林 3
	犍为县新民镇宫堂村	29.102369	104.096179	针阔混交林(云南松+桤木)	9-17-001 林 1~9-17-001 林 3
	犍为县新民镇宫堂村	29.102683	104.095857	坡耕地(砂仁)	9-17-002 坡 1~9-17-002 坡 3

流域范围	地　点	纬度/(°)	经度/(°)	土地利用类型	样　点　编　号
嘉陵江流域（渠江）	广安市崇望乡柑子园	30.564803	106.654290	坡耕地（红薯）	10-17-坡1～10-17-坡3
	广安市崇望乡柑子园	30.562502	106.651125	林地（柏木）	10-17-林1～10-17-林3
	广安市前锋区虎城镇柏树村	30.556726	106.788119	林地（柏木）	10-18-林1～10-18-林3
	广安市前锋区虎城镇柏树村	30.559950	106.787271	坡耕地（红薯刚收获）	10-18-坡1～10-18-坡3
	渠县琅琊镇奉家村	30.731681	106.977751	针阔混交林（云南松＋桤木）	10-19-林1～10-19-林3
	渠县琅琊镇奉家村	30.731935	106.978368	坡耕地（南瓜刚收获）	10-19-坡1～10-19-坡3
	渠县李馥镇真武村	30.934526	106.980278	坡耕地（毛豆）	10-20-坡1～10-20-坡3
	渠县李馥镇真武村	30.933049	106.978342	林地（柏木＋槐树）	10-20-林1～10-20-林3
沱江流域	泸州市江阳区况场镇团山村	28.932676	105.355774	坡耕地（白芝麻）	6-2-坡1～6-2-坡5
	泸县牛滩镇红旗村	29.017360	105.34520	青冈林	6-3-林1～6-3-林3
	泸县牛滩镇红旗村	29.017454	105.344997	坡耕地（玉米）	6-3-坡1～6-3-坡4
	富顺县怀德镇安怀村	29.018119	105.224110	坡耕地（红薯）	6-4-坡1～6-4-坡4
	富顺县怀德镇安怀村	29.015756	105.222159	林地（云南松）	6-4-林1～6-4-林3
	富顺县安溪镇幺灏村	29.015746	105.033902	坡耕地（红薯）	6-5-坡1～6-5-坡3
	富顺县琵琶镇土地村	29.093992	105.038564	坡耕地（花生）	6-6-坡1～6-6-坡3
	富顺县琵琶镇土地村	29.096289	105.038672	林地（竹子）	6-6-林1～6-6-林3
长江干流	泸县太伏镇沙河村	29.01272	105.71250	坡耕地（玉米）	7-4-坡1～7-4-坡3
	合江县二里乡大木树村	28.64375	105.72472	林地（栎）	7-5-林1～7-5-林3
	合江县二里乡大木树村	28.64238	105.72661	坡耕地（玉米＋红薯）	7-5-坡1～7-5-坡3
	江阳区丹林乡罗嘴村	28.85577	105.22406	青冈林	7-6-林1～7-6-林3
	江阳区丹林乡罗嘴村	28.85500	105.22379	坡耕地（高粱）	7-6-坡1～7-6-坡3
	翠屏区宋家乡胡坝村	28.76144	104.84003	坡耕地（玉米＋红薯）	7-7-坡1～7-7-坡3
	翠屏区赵场镇芝麻村	28.67933	104.59645	坡耕地（玉米＋红薯）	7-8-坡1～7-8-坡4
横江流域	叙州区横江镇梨茶村	28.55727	104.40210	次生阔叶林	7-8-横-林1～7-8-横-林3
	叙州区凤仪乡燕子村	28.391395	104.296946	次生阔叶林	7-9-林1～7-9-林3
	叙州区凤仪乡燕子村	28.391452	104.295840	坡耕地（玉米）	7-9-坡1～7-9-坡3

4.2.1　土壤侵蚀量模型计算

利用 ^{137}Cs 计算农耕地土壤侵蚀量的模型很多，其中以质量平衡模型为主，是目前应用范围较广的一种模型。质量平衡模型建立在对^{137}Cs 沉降、再分配与土壤流失过程认识的基础上，同时考虑^{137}Cs 在沉降期间沉降通量的年际变化对估算土壤侵蚀速率的影响，计算结果更加准确、可靠。应用质量平衡模型求算坡耕地土壤侵蚀量，须确定以下两个参数：坡面径流系数和犁耕层深度。

由于研究区缺乏实测资料，采用邻近区域地质、地貌、土壤等立地条件相似的坡地观测资料作为参照，确定坡面径流系数。史东梅等（2005）在重庆涪陵区开展的有关植物篱护坡作用的研究中，坡度为 13.3°和 13.6°的坡耕地，传统种植方式条件下，测定的坡面径流系数为 0.20～0.31，平均 0.27；齐永青等（2006）运用^{137}Cs 示踪技术研究了流域坡耕地土壤侵蚀强度，该研究确定的坡面径流系数为 0.3。本研究坡耕地与上述几位学者研究的坡耕地相似，综合考虑小流域取样坡耕地立地条件，选择 0.3 作为本研究的坡面径流系数。

另一个参数是犁耕层深度。通过询问当地农民得知，取样坡耕地的耕作方式为人力翻耕。以往研究中，坡耕地的犁耕层深度多取 15～20cm。由于犁耕混合作用，^{137}Cs 均匀分布在犁耕层内，故可通过土壤分层样剖面^{137}Cs 深度分布确定犁耕层深度。坡耕地取样点 6-3-坡 4 分层样^{137}Cs 深度分布属于堆积农耕地分布形态（图 4.2），^{137}Cs 分布深度要大于犁耕层深度，且犁耕层以下深度的^{137}Cs 浓度通常较上部要高。该土壤剖面中^{137}Cs 分布在 0～31cm 深度内，其中 0～19cm 深度内^{137}Cs 含量基本一致，平均值 2.89Bq/kg；19～31cm 层位的^{137}Cs 平均含量达到了 4.31Bq/kg，高于 0～19cm 层位。显然犁耕层位于 20cm 层位，因此确定本研究的坡耕地犁耕层深度为 20cm。

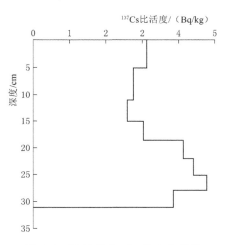

图 4.2　取样点 6-3-坡 4 土壤分层样^{137}Cs 深度分布

4.2.2　^{137}Cs 面积活度顺坡变化

以沱江流域泸州市江阳区况场镇坡耕地为例，各取样点的^{137}Cs 面积活度见表 4.4。采用坡长加权平均法求算了地块平均^{137}Cs 面积活度。坡长加权平均法以取样点所代表的坡长作为权重因子，对各取样点的^{137}Cs 面积活度进行加权计算，得到地块的平均^{137}Cs 面积活度。其计算公式为

$$\overline{A} = \frac{A_1 \times L_1 + \sum_{i=1}^{n} A_i (L_i - L_{i-1})}{L} \tag{4.1}$$

式中：$\overline{A}$ 为坡长加权平均的^{137}Cs 面积活度，Bq/m^2；A_i 为第 i 个取样点的^{137}Cs 面积活度，Bq/m^2；L_i 为第 i 个取样点的坡长，m；n 为取样点个数；L 为总坡长，m。

本研究坡耕地各取样点的^{137}Cs 面积活度为 398.5～1649.6Bq/m^2，坡长加权平均值为 816.0Bq/m^2。本研究坡耕地坡长 68m，在坡中部 26m 处，有一高约 2m 的陡坎，将整个坡面分为 A、B 两个坡段。

坡段 A。位于坡面 0～26m 段，坡度 9.7°，各取样点的^{137}Cs 面积活度为 398.5～1649.6Bq/m^2，基本呈顺坡增加的趋势，坡段最下方取样点 7 的^{137}Cs 面积活度达到了 1649.6Bq/m^2，大于研究区域的^{137}Cs 本底值，说明有部分泥沙堆积于此。坡耕地土壤发生运移的作用主要包括两种：地表径流和犁耕。地表径流把土壤带到地块以外，犁耕作用则将坡地上部的土壤搬运到坡地下部，且搬运的土壤全部堆积在农耕地内。坡段 A 的坡长较小，径流侵蚀作用有限，^{137}Cs 面积活度的空间分布主要受犁耕搬运作用的影响，地表径流侵蚀作用随坡长增加而增强的程度不足以抵消犁耕的搬运作用，使得该坡段取样点^{137}Cs 面积活度大致呈顺坡增加的趋势。

坡段 B。位于坡面 26～69m 段，坡度 10.6°，各取样点的^{137}Cs 面积活度为 536.2～1127.0Bq/m^2，^{137}Cs 面积活度随坡长增加大致呈先上升而后略为下降的趋势。这可能是由于该坡段上部径流侵蚀相对较弱，^{137}Cs 再分布主要受犁耕作用的影响，使得^{137}Cs 面积活度随坡长增加而上升；而坡段下部随着坡长的增加，径流侵蚀作用有所增强，使得坡脚处的^{137}Cs 面积活度反而较坡地中上部要低。取样点 8 的^{137}Cs 面积活度相对略高（756.7Bq/m^2），可能是上方坡段 A 部分携沙径流经过陡坎进入该坡段后，泥沙在此有所堆积所致。此外，个别取样点并不符合上述规律，如取样点 6 和 20（^{137}Cs 面积活度分别为 481.9Bq/m^2 和 1021.9Bq/m^2），与相邻样点存在较大的差异，这可能与坡地微地貌、无规律犁耕等因素有关，使得^{137}Cs 在坡面的空间分布出现一定的波动。

表 4.4　　　　取样坡耕地^{137}Cs 面积活度、年均侵蚀厚度与土壤侵蚀模数

坡段	取样点编号	坡长/m	^{137}Cs 面积活度/(Bq/m^2)	年均侵蚀厚度/cm	土壤侵蚀模数/[t/(km^2·a)]
A	1	1.0	398.5	0.411	4937.4
	2	5.0	412.8	0.396	4749.3
	3	9.0	422.5	0.385	4625.2
	4	13.0	738.7	0.135	1617.3
	5	17.0	822.5	0.054	651.5
	6	21.0	481.9	0.327	3920.0
	7	25.0	1649.6	−0.280	−3358.8
B	8	27.0	756.7	0.124	1487.0
	9	30.0	687.1	0.167	2009.0
	10	33.0	569.2	0.252	3024.9
	11	37.5	845.5	0.074	884.1
	12	42.0	946.8	0.022	268.6
	13	45.5	977.2	0.008	96.4
	14	49.5	893.2	0.049	586.2
	15	53.0	1046.0	−0.024	−286.6
	16	55.0	1127.0	−0.062	−739.2
	17	57.0	929.6	0.031	368.8
	18	60.0	1126.7	−0.059	−713.9

坡段	取样点编号	坡长/m	^{137}Cs 面积活度/(Bq/m^2)	年均侵蚀厚度/cm	土壤侵蚀模数/[t/(km^2·a)]
B	19	63.5	536.2	0.279	3347.0
	20	66.0	1021.9	−0.012	−147.2
	21	68.0	815.2	0.090	1082.6
加权平均			816.0	0.108	1294.6

注 表中负数表示该取样点发生堆积。

4.2.3 坡耕地土壤侵蚀速率

坡耕地土壤侵蚀速率的顺坡变化如图 4.3 所示。由于犁耕作用的影响,坡耕地坡段 A 的土壤侵蚀速率随坡长增加大致呈下降趋势,从坡顶取样点 1 的 4937.4t/(km^2·a) 下降到中部点 4 的 1617.3t/(m^2·a),坡段最下方的取样点 7 发生了堆积,土壤堆积速率为 3358.8t/(km^2·a);坡段 B 的土壤侵蚀速率随坡长增加也大致呈下降趋势,在取样点 15、16、18 和 20 都发生了少量的堆积,但在坡脚处由于流水侵蚀作用有所加强,土壤侵蚀速率较该坡段中部有所增加,如取样点 21 的土壤侵蚀速率达到了 1082.6t/(km^2·a)。

与 ^{137}Cs 面积活度的空间分布基本一致,由于微地貌、无规律犁耕等因素的影响,该坡地土壤侵蚀速率的空间分布也出现了一定的波动。如取样点 6 和 20 的土壤侵蚀(堆积)速率分别为 3920.0t/(m^2·a) 和 −147.2t/(km^2·a),与相邻的取样点存在较大的差异。平均坡度为 11.4°的坡耕地年均侵蚀(堆积)厚度为 −0.280~0.411cm,加权平均为 0.108cm,相应的土壤侵蚀(堆积)模数为 −3358.8~4937.4t/(km^2·a),加权平均为 1294.6t/(km^2·a)。按水利部 2008 年颁布的土壤侵蚀分类分级标准,此研究地块属于轻度侵蚀。

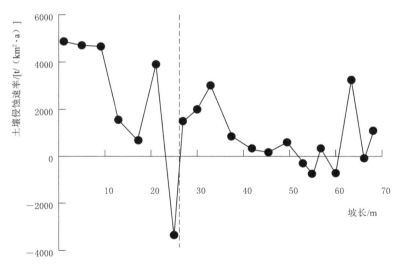

图 4.3 坡耕地土壤侵蚀速率的顺坡变化

本研究中的坡耕地土壤侵蚀速率不高,一方面是由于本研究的坡耕地属于缓坡,坡度较小,平均坡度仅为 11.4°;另一方面则是由于当地农民在生产实践中总结出一套有效防止水土流失的耕作方式，即在坡耕地内开挖了数条等高排水沟，把整个长坡地块分割为若干个短坡地块，缩短了坡长，每个短坡地块的坡长一般为 10～15m，同时两侧分别开挖了顺坡排水沟。该耕作方式有效防止了水土流失，使得土壤侵蚀强度大大降低。

4.2.4　林地土壤侵蚀速率

根据年土壤流失厚度和土壤容重（$\gamma = 1.2\text{g/cm}^3$）计算合江县二里乡、叙州区横江镇、富顺县怀德镇林地的点侵蚀速率，再根据取样剖面之间的距离，计算断面加权平均侵蚀速率模数。三块林地的侵蚀速率为 306～688t/(km²·a)（表 4.5），远低于坡耕地的 1294.6t/(km²·a)，大致低 1 个数量级，即长江流域各支流坡耕地、林地的土壤侵蚀强度较十多年前降低，对流域泥沙的贡献率逐渐减小。

表 4.5　　　　　　　　长江流域非农耕地的 ^{137}Cs 面积活度及测算侵蚀量

类型	植被盖度/%	位置	土壤	平均坡度/(°)	坡长/m	土壤剖面数	^{137}Cs 面积活度变化幅度/(Bq/m²)	平均值	加权平均侵蚀速率/[t/(km²·a)]
林地	85	合江县二里乡	紫色土	23	33	3	65.7～1495.4	960.8	310
林地	75	叙州区横江镇	紫色土	27	25	3	531.8～1473.8	869.7	306
林地	80	富顺县怀德镇	紫色土	24	19	3	798.1～942.0	869.7	688

4.3　产沙影响机理分析

本节以青冈坪示范区为例进行产沙影响机理分析。青冈坪地处四川省凉山彝族自治州雷波县五官乡，位于小凉山东部边缘，金沙江左岸，距离雷波县城 13km，距离溪洛渡坝址 10km。青冈坪地质构造较为单一，有两级阶（台）地，地表为坡积物和表层风化物覆盖；土壤类型主要是燥红土和棕壤；植被为非地带性南亚热带稀树灌草丛植被，以草丛为主，辅以灌木和零星乔木。研究区属亚热带大陆性干热河谷季风气候，多年平均降水量 547.3mm，降水年际变化大，年内分配不均匀，4—10 月为雨季，降水量占全年的 96%，11 月至翌年 3 月为旱季，降水量仅占全年的 4%。

青冈坪海拔 800m 以下分布二级台地，土壤较肥沃，是主要的农业生产用地，但面积较小。坡面表层主要是碎石层，风化严重，大部分为荒坡地，其余以林地为主，分布少量坡耕地。山坡上发育多条浅沟侵蚀，沟道浅而短，但坡度大，地形破碎，生长少量灌草植被。区内发育有 4 条小型泥石流沟，沟谷上部多处崩塌痕迹，沟道中分布大量风化坡积碎屑物。

受自然环境影响，示范区内崩塌、滑坡、泥石流较为发育，地形陡峻，降水集中且以暴雨居多，是水土流失严重的区域，侵蚀泥沙直接进入溪洛渡水库，威胁水库运行安全，是金沙江两岸农业利用区侵蚀产沙的缩影。

4.3.1 产流、产沙与土地利用的关系

2007 年至 2009 年的 35 场降雨资料与典型土地利用类型径流小区（除坡改梯外，疏林地、草地、裸地、坡耕地的坡度相近，坡度为 26°~27°）。观测数据揭示青冈坪示范区产流大小顺为：疏林地＞坡耕地＞裸地＞荒草地＞坡改梯，由于青冈坪坡改梯的宽度一般不超出过 10m，坡改梯采用脐橙套种红薯、毛豆耕作，地表覆盖较高（一般达 85%~90% 以上），加上坡改梯地坎的截流作用，坡改梯的几乎没有观测产流作用。疏林地、裸地、荒草地其地表组成相近，砾石含量普遍偏高（30% 以上），降雨后下渗不明显，产流明显，同时由于疏林地的地表盖度偏低，因而其产流量偏大，与裸坡地相近且稍大于裸坡地，而草地的地表盖度较大，具有明显的拦水作用，产流量明显小于疏林地与裸坡地，约为疏林地和裸坡地产流量的 80%。

侵蚀产沙观测数据显示，坡耕地的产沙量是裸地的 2.3 倍，是疏林地的 3 倍，是草地的 3.7 倍，含沙率大小为：坡耕地（0.766kg/m³）＞裸坡地（0.343kg/m³）＞草地（0.245kg/m³）＞疏林地（0.223kg/m³）＞坡改梯，坡耕地侵蚀产沙高于裸地、草地及林地的主要原因为坡耕地砾石含量较其他土地类型小，细颗粒物质，尤其是黏粒含量较高，在强降雨作用下，容易发生侵蚀。

4.3.2 产流、产沙与降雨关系

不同土地利用类型的产沙量及产流量与降雨量、最大 10min 雨强、最大 30min 雨强和平均雨强关系基本呈正相关，即随着这些指标的减小，产沙量与产流量都随之减少。图4.4（a）~（h）反映产流量与降雨特征关系更为明显，流域内降雨量大于 1.8mm 径流小区就有径流产生，且与降雨量大小密切相关。而产沙量除了与降雨量有关外，还与雨强关系紧密，一次降雨雨量小于 10mm 时，产沙量增加，当降雨量大于 10mm，且最大30min 雨强大于 4mm 时，产沙量明显增加。随着雨强的增大，产沙量与雨强呈现非线性关系的快速增长。这主要是因为坡面产沙不同于坡面产流，产流主要与土壤含水量及饱和含水率有关，而侵蚀产沙量在小尺度上除了与土壤组成、坡度有关外，主要与地表径流的侵蚀力大小有关，在地表环境类似的情况下，最大 30min 雨强是决定地表径流侵蚀力大小的最主要因素。

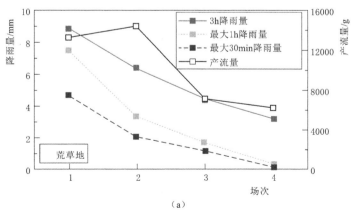

（a）

图 4.4（一）　土地利用类型的产沙量、产流量与降雨的关系

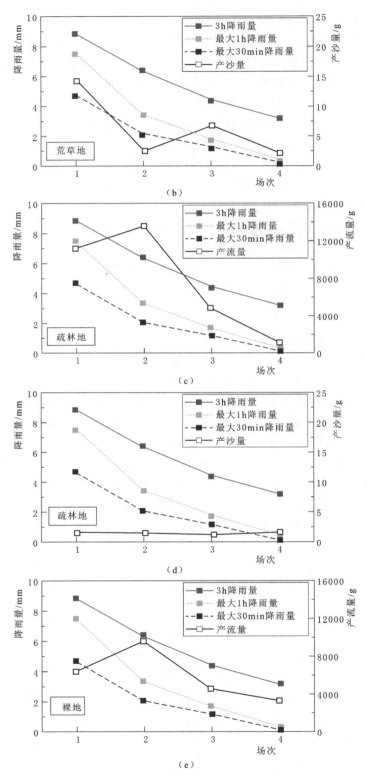

图 4.4（二）　土地利用类型的产沙量、产流量与降雨的关系

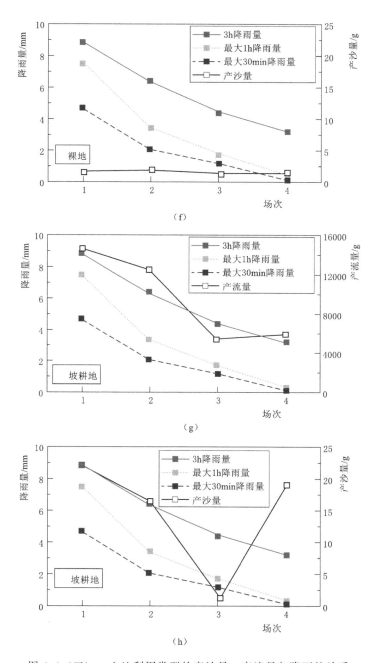

图 4.4（三）　土地利用类型的产沙量、产流量与降雨的关系

4.3.3　土壤侵蚀速率

为了解示范区内典型土地利用类型的土壤侵蚀速率，利用[137]Cs示踪技术对坡耕地、林地、草地、裸地等年均土壤侵蚀速率进行分析研究，结合径流小区观测数据表明土壤侵蚀速率大小顺序为：裸地＞坡耕地＞林地＞草地＞坡改梯，侵蚀强度分别为剧烈、强度、轻度、轻度、微度（无明显侵蚀）。裸地受到水力侵蚀及坡面碎屑流的共同作用，侵蚀强

度最高。坡耕地受到水力侵蚀与耕作侵蚀的共同作用，侵蚀速率明显高于林地与草地，是高密度草地的 10 倍，是林地的 5～8 倍，见表 4.6 和图 4.5。

表 4.6   青冈坪土壤侵蚀特征一览表

土地类型	坡长/m	坡度/(°)	植被盖度	侵蚀速率/[t/(km²·a)]	侵蚀强度
裸　地	18	37	5%以下	≫15000	剧烈
草　地	38	37	90%～95%	670	轻度
林　地	18	28	70%～80%	860～1360	轻度
坡耕地	46	28	70%	6780	强度
坡改梯（脐橙套种）		0～3	90%以上	<500	微度

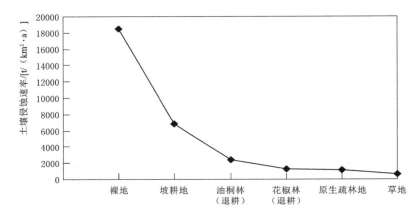

图 4.5 示范区不同土地利用类型土壤侵蚀速率

4.3.4 土壤侵蚀与土壤物理性质的关系

试验观测数据表明，不同土地利用方式对土壤物理性质的影响有显著差异，农耕地由于人为改造作用，土壤中细粒物质含量明显大于非农耕地。以土壤中小于 0.1mm 颗粒占土体的百分比含量来看，坡耕地和梯田含量最多，达到 100% 和 99.73%，而疏林地和裸地则不足 50%，荒草地居中，达 70.65%。

土地利用类型对土壤含持水特征有明显影响，雷波示范区内，由于土壤组成及植被的影响，坡改梯、坡耕地、草地含水率明显大于裸地、林地（图 4.6），水分特征曲线亦差异明显，以坡改梯的土壤水分性状为最好。

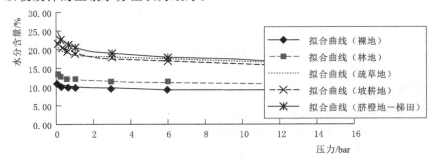

图 4.6 不同土地利用方式下土壤水分特征曲线

土壤物理性质对产沙影响较为显著。在孔隙度小于等于 45% 时，侵蚀量随着总孔隙增大而减少；孔隙度大于 45% 时，随着总孔隙的增大，侵蚀量呈增加趋势（图 4.7）。土壤干容重小于等于 $1.46g/cm^3$ 时，随着土壤干容重的减小，侵蚀量呈增加趋势；当土壤干容重大于 $1.46g/cm^3$ 时，随着土壤容重的增大，侵蚀量呈增加趋势（图 4.8）。

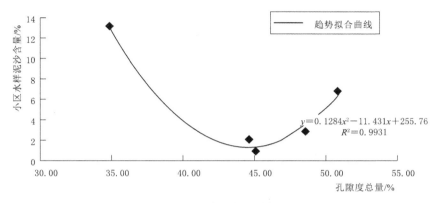

图 4.7　土壤总孔隙度与土壤侵蚀的关系

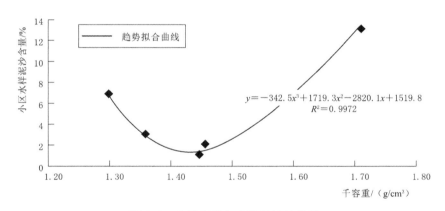

图 4.8　土壤容重与土壤侵蚀的关系

4.4　小结

本章利用[137]Cs 核素示踪法分析研究了长江上游岷江流域、嘉陵江流域、沱江流域及长江干流这几个典型区域进行了土壤侵蚀产沙特征。[137]Cs 面积活度本底值调查分析表明各区域平均值为 1634.8 Bq/m^2，变异系数为 16.3%，其中沱江流域最高，为（1782.2±168.3）Bq/m^2，长江干流最低，为（1289.5±177.5）Bq/m^2。

典型坡耕地的土壤侵蚀速率随坡长增加大致呈下降趋势，相应的土壤侵蚀（堆积）模数为 −3358.8~4937.4t/(km² · a)，加权平均为 1294.6t/(km² · a)，属轻度侵蚀。本研究中的坡耕地土壤侵蚀速率不高，主要是由于研究的坡耕地坡度较小以及通过在坡耕地内开挖了数条等高排水沟的耕作方式使得土壤侵蚀强度大大降低；以长江干流和沱江流域典型林地为例，研究发现典型林地侵蚀速率为 $310 \sim 688t/(km^2 \cdot a)$，远低于坡耕地。

以青冈坪示范区为例，对产沙影响机理进行了分析，坡耕地的产沙量是裸地的 2.3 倍，是疏林地的 3 倍，是草地的 3.7 倍，主要原因为坡耕地砾石含量较其他土地类型小，细颗粒物质，尤其是黏粒含量较高，在强降雨作用下，容易发生侵蚀，最大 30min 雨强是决定地表径流侵蚀力大小的最主要因素。裸地受到水力侵蚀及坡面碎屑流的共同作用，侵蚀强度最高；坡耕地受到水力侵蚀与耕作侵蚀的共同作用，侵蚀速率明显高于林地与草地，是高密度草地的 10 倍，是林地的 5 ~ 8 倍。土壤孔隙度和干容重都对产沙影响较为显著，在孔隙度大于 45% 时，随着总孔隙的增大，侵蚀量呈增加趋势；土壤干容重大于 $1.46g/cm^3$ 时，随着土壤容重的增加，侵蚀量则呈增加趋势。

第5章 重点产沙区流域水沙输运过程与影响机制

5.1 金沙江水沙变化和机理分析

5.1.1 金沙江流域基本情况

金沙江流域是长江上游最重要的泥沙产沙区，其源头位于青藏高原，对气候变化的响应极其敏感。同时，在20世纪50年代以后，金沙江流域也发生了大规模农垦开发、森林砍伐、工业发展和大坝建设等多种人类活动，如金沙江中游八级和下游四级的梯级水电开发，这些因素势必会改变流域水文过程及泥沙输移，甚至影响三峡水库调度（袁晶和许全喜，2018）。

金沙江流域主要包括金沙江干流及其最大支流雅砻江，地跨青海、西藏、云南、四川4省（自治区），流域面积约50万 km²，河道落差可达5000m，玉树至石鼓为上游、石鼓至攀枝花为中游、攀枝花至宜宾为下游。上游为相对干旱区域，中下游大部分为受印度洋季风影响的湿润区。流域年均降雨量300mm（主要发生在上游区域和下游干热河谷区）至1200mm不等，湿润区的降雨量占到流域总降雨量的90％。金沙江流域年均径流量（1400亿 m³）和年均输沙量（2.3亿 t）分别占长江上游总量的38％和57％。气候和水文数据可以用来量化气候变化和人类活动对金沙江流域产流产沙的影响。

5.1.2 流域输沙对气候和人类活动的响应分析
5.1.2.1 变化趋势分析

图5.1和图5.2给出了金沙江主要站点的年均径流量、年均输沙量、年均气温、年均降雨量的变化情况。采用常用的 M－K 检验进行金沙江流域攀枝花（PZH）、白鹤滩（BHT）、向家坝（XJB）三个站点温度、降雨、径流和输沙趋势及突变分析见表5.1。从表可以看出，年均气温在1957—2015年期间，三个站点均表现出显著的增长趋势，每十年可增长0.2℃，与联合国政府间气候变化专门委员会（IPCC）报告一致，降雨量同样有增加趋势，三个站点平均增长率为0.67mm/a、0.97mm/a 和0.61mm/a。径流量则在攀枝花站有明显的增加趋势，但白鹤滩和向家坝均无明显变化趋势。降雨量与径流量变化趋势的不一致可能与气温升高带来的水量蒸发蒸腾损失和水土保持措施有关。向家坝站的输沙量表现出明显的减小趋势，年均减沙200万 t；白鹤滩和攀枝花亦有一定程度的减沙，其年均减沙分别为60万 t和7万 t；三个站年均减沙比依次为0.9％、0.35％和0.15％。金沙江下游的减沙显然与大规模大坝建设和水土保持有关。

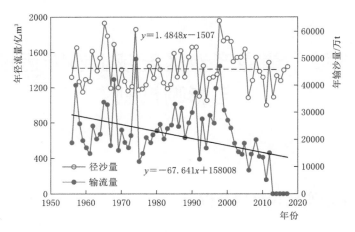

图 5.1　金沙江向家坝站年均径流量和输沙量变化

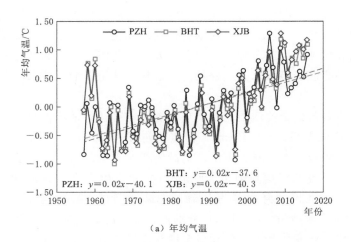

（a）年均气温

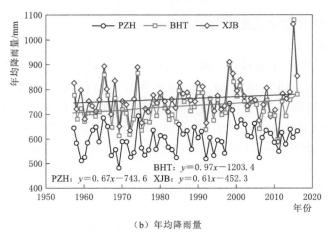

（b）年均降雨量

图 5.2　金沙江攀枝花、白鹤滩和向家坝三个水文站
年均气温和降雨量变化

表 5.1　　　　　　　　　　　M－K 检验计算得到的样本标准正态分布值

水文站	年均气温		年均降雨量		年均径流量		年均输沙量	
	计算值	临界值	计算值	临界值	计算值	临界值	计算值	临界值
攀枝花	4.28	0	1.51	0.131	1.23	0.219	0	1
白鹤滩	2.4	0.016	1.43	0.153	−0.31	0.756	−0.9	0.368
向家坝	2.3	0.02	0.85	0.395	−0.31	0.74	−2.41	0.016

注　表中临界值置信区间为 0.95。

5.1.2.2　突变点分析

　　M－K 检验和双累积曲线的突变分析（图 5.3 和表 5.2）表明：攀枝花站年径流量突

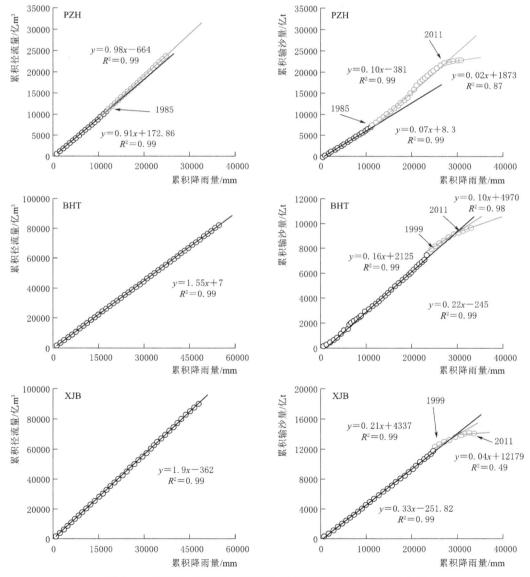

图 5.3　降雨量-径流量、降雨量-输沙量两组双累积曲线分析

变点发生在 1985 年，由之前的年均 528 亿 m³ 增加为 586 亿 m³，而白鹤滩和向家坝无明显的突变点。攀枝花站年均输沙量的突变点亦为 1985 年，在 1985 年后其年均输沙量增加了 21%。而对于白鹤滩和向家坝，两种方法给出的突变点不同，分别为 2011 年和 1999 年，2011 年突变点显然是因为向家坝水库和溪洛渡水库的运行，1999 年突变则考虑是因为二滩水库的运行，两个站在 1999 年后分别减小了 34% 和 48%，在 2011—2015 年期间进一步减小了 57% 和 83%。

表 5.2　　　　　　　　　　M-K 检验和双累积曲线突变点分析

水文站	径 流 量/亿 m³				输 沙 量/亿 t			
	突变点发生年份	前期平均值	后期平均值	变化值%	突变点发生年份	前期平均值	后期平均值	变化值
攀枝花	1985	528	586	10.8	1985	0.42	0.51	21
	1985				2011			
白鹤滩					2011	1.71	0.74	−57
					1999	1.8	1.18	−34
向家坝					2011	2.4	0.41	−83
					1999	2.53	1.32	−48

5.1.2.3　气候变化和人类活动对流域输沙的影响权重分析

为了量化气候变化与人类活动对流域输水输沙的影响，以降雨量表征气候变化，则降雨量-径流量、降雨量-输沙量双累积曲线可以用于还原计算以分离气候变化和人类活动影响。双累积曲线可以给出两个变量之间（突变点为界）的线性关系，突变点之后的还原值可以用突变点之前的回归方程进行计算，而方程的因子决定了是气候还是人类活动的影响。以泥沙变化分析为例：

$$泥沙变化值＝突变点后年均平均值－突变点前年均平均值$$
$$泥沙气候变化影响值＝泥沙气候变化还原值－突变点前年均平均值$$
$$泥沙人类活动影响值＝泥沙变化值－泥沙气候变化影响值$$

降雨量-径流量双累积曲线区间斜率，攀枝花站在 1985 年之后有所增加，白鹤滩和向家坝无明显变化。降雨量-输沙量双累积曲线区间斜率，攀枝花在 1985—2010 年较前期加大，在此之后又减小，白鹤滩和向家坝站在 1999—2010 年略微减小，在 2011 年后则急剧减小。这说明 M-K 检验得到的突变点更为明显，同时泥沙输移受到的影响远比径流量的要大。用上式计算降雨变化影响和人类活动影响权重，三个站点的人类活动在第一突变点与第二突变点之间对流域减沙的权重分别为 82%、86.6% 和 89.2%，在第二突变后其影响权重分别为 107.5%、91.3% 和 102.3%；攀枝花站径流量增加，其降雨占的权重为 53.3%，见表 5.3 和表 5.4。

表 5.3　　　　　　　　　　径流量变化影响权重分析

站点	时　期	降雨量/mm	径流量/亿 m³	径流量还原值/亿 m³	径流量变化值/亿 m³	降雨影响		其他因素影响	
						径流量/亿 m³	占比	径流量/亿 m³	占比
攀枝花	1985 年之前	568.7	528.4						
	1985—2015 年	610	585.7	559	57.2	30.5	53.3%	26.7	46.7%

表 5.4　　　　　　　　　　　　　　　输沙量变化影响权重分析

站点	时　　期	降雨量/mm	输沙量/亿 t	输沙量还原值/亿 t	输沙量变化值/亿 t	降雨影响		人类活动影响	
						输沙量/亿 t	占比	输沙量/亿 t	占比
攀枝花	1985 年之前	568.7	0.393						
	1985—2010 年	612.5	0.591	0.429	0.198	0.036	18%	0.162	82%
	2011—2015 年	594.1	0.095	0.416	−0.298	0.023	−0.75%	0.321	107.5%
白鹤滩	1999 年之前	807.5	1.783						
	1999—2010 年	791	1.462	1.74	−0.322	−0.043	13.4%	−0.279	86.6%
	2011—2015 年	769.2	0.74	1.692	1.044	−0.091	8.7%	−0.953	91.3%
向家坝	1999 年之前	771.8	2.561						
	1999—2010 年	748.8	1.733	2.471	−0.827	−0.089	10.8%	−0.738	89.2%
	2011—2015 年	790.6	0.415	2.609	−2.145	0.048	−2.3%	−2.194	102.3%

5.1.3　水库拦沙效应定量分析

5.1.3.1　金沙江流域水库建设情况

据不完全统计，截至 2017 年年底，金沙江流域已修建完成大中小型水库共 2476 座，其中大型 19 座，中型 106 座，小型 2351 座（表 5.5）；累计总库容约为 322.2 亿 m³，累计防洪库容约为 84.3 亿 m³。其中，已建成的 24 座大型水库总库容约为 268.4 亿 m³，占已建成水库总库容的 83%以上，是金沙江流域水库库容的主要组成部分。小型水库 2351 座，占已建成水库数量的 95%左右，是金沙江流域水库数量的主要部分。以 1990 年为界，可以将金沙江的水库建设分为两个阶段。20 世纪 80 年代末以前，金沙江流域已建大、中、小型水库 1835 座，其中大型水库 2 座，中型水库 46 座，小型水库 1787 座，总库容 27.9 亿 m³，此阶段以小型水库建设为主，大中型水库较少，水库数量增长明显；1990 年特别是 2000 以后，大中型水库建设逐渐增多，在建水库基本以大中型水库为主。从分布上来看，绝大多数水库在石鼓以下干流，共计 2439 座，占流域内总数的 98%左右。

表 5.5　　　　　　　　　金沙江流域水库数量和库容建设情况

建成时段	水　库　类　型				新增总库容/万 m³	新增防洪库容/万 m³
	大型	中型	小（1）型	小（2）型		
1950—1959 年	0	24	92	398	94670	14423
1960—1969 年	1	6	56	361	92300	12179
1970—1979 年	0	6	90	456	42082	7368
1980—1989 年	1	10	50	284	49829	15875
1990—1999 年	1	11	43	219	59922	16341
2000—2009 年	4	16	37	107	167138	22988
2010—2017 年	12	33	21	13	2715999	754183
在建	11	24	6	0	3327901	895529

截至 2021 年，金沙江中游河段规划的"一库八级"电站中的梨园、阿海、金安桥、龙开口、鲁地拉、观音岩已建成运行；金沙江下游河段从上至下的乌东德、白鹤滩、溪洛渡、向家坝四座超大型水电站也已建成运行（表 5.6）。

表 5.6　　　　　　　　　　　金沙江中下游干流已建成水库基本情况

序号	水库名称	工程规模	正常蓄水位/m	总库容/10^4 m³	防洪库容/10^4 m³
1	梨园水电站	大（2）型	1618	80500	17300
2	阿海水电站	大（2）型	1504	88500	21500
3	金安桥水电站	大（2）型	1418	91300	15800
4	龙开口水电站	大（2）型	1298	55800	12600
5	鲁地拉水电站	大（1）型	1223	171800	56400
6	观音岩水电站	大（1）型	1134	209200	54200
7	乌东德水电站	大（1）型	965	740800	244000
8	白鹤滩水电站	大（1）型	825	2060000	750000
9	溪洛渡水电站	大（1）型	600	1267000	465000
10	向家坝水电站	大（1）型	380	516300	90300

5.1.3.2　水库淤积拦沙作用典型计算

1. 金沙江中游干流梯级水电工程

金沙江中游石鼓站和攀枝花站所控制的流域面积分别为 21.41 万 km² 和 25.92 万 km²，区间支流来沙观测资料较少，随着金沙江中游梯级水电站的陆续建成运用，区间来沙也将有较大部分拦截在库内。为估算金沙江中游梨园、阿海、金安桥、龙开口、鲁地拉和观音岩建库后的拦沙量，依据石鼓站和攀枝花站 2010 年前的年输沙量和控制流域面积，估算石鼓和攀枝花未控区间年均输沙模数为 583 万 t/(km²·a)，2011—2016 年石鼓和攀枝花未控区间年均输沙量为 2638 万 t，2011—2016 年石鼓和攀枝花站的年均输沙量分别为 2663 万 t 和 887 万 t，因此，根据输沙平衡原理，2011—2016 年金沙江中游六级水电站的年均拦沙量约为 4414 万 t。

2. 雅砻江流域

雅砻江干流除 1998 年建成的二滩水电站以外，2013 年以来官地、锦屏一级、锦屏二级及桐子林水电站也相继运行。

二滩水库位于四川省西南部的雅砻江下游，坝址距雅砻江与金沙江的交汇口 33km，系雅砻江梯级开发的第一个水电站。二滩水库的建成运行，很大程度地阻断了水库上游泥沙向下游河道的输移，如 1961—1997 年小得石站年均输沙量为 3143 万 t，1998—2009 年仅为 302 万 t，减幅达到 90%。二滩水库上游干流的控制水文站为泸宁站，泸宁—大坝区间仅鲫鱼河一条较大的支流汇入，鲫鱼河流域面积 3040km²。二滩电站上游泸宁站 1961—1997 年平均输沙量为 1996 万 t，但 1998—2009 年则为 4049 万 t，特别是在 1998 年，达到 7490 万 t。因此，1961—1997 年泸宁—小得石区间多年平均来沙量为 1147 万 t，占小得石以上流域来沙量的 36%，是雅砻江流域的重点产沙区之一。在假设泸宁—小得石区间年均来沙量为 1147 万 t 的条件下，1998—2009 年二滩电站年均入库沙量为 4897 万 t，因此二滩电站年均拦沙量为 4595 万 t。

锦屏一级水电站位于二滩水库上游 332km，控制流域面积 10.3 万 km²，电站于 2013 年 7 月初期蓄水。实测资料分析表明：泸宁站 1959—2012 年年均径流量和输沙量分别为 433 亿 m³ 和 2379 万 t，2013—2016 年年均径流量和输沙量则分别为 144 亿 m³ 和 366 万 t，分别较 2012 年以前减小 67% 和 85%。锦屏一级水电站的建成运行，很大程度地减少了二滩电站的入库泥沙。雅砻江洼里—小得石区间是雅砻江流域的主要产沙区，锦屏一级水电站坝址即位于此区间。据调查，坝址多年平均悬移质年输沙量为 2120 万 t，推移质年输沙量 74.7 万 t。锦屏一级水电站运行 20 年，可拦截全部的推移质和 81.2% 的悬移质，即年均拦截悬移质沙量为 1720 万 t、推移质沙量 75 万 t。

综上，根据泸宁站历年的水沙资料以及泸宁—小得石区间年输沙量关系（图 5.4）计算得到：1961—1997 年、1998—2013 年、2014—2016 年年均径流量分别为 425 亿 m³、448 亿 m³、143 亿 m³，对应的年均输沙量分别为 1996 万 t、3311 万 t 和 366 万 t，泸宁—小得石区间来沙量估算为 1147 万 t，位于二滩水库下游的小得石站 1961—1997 年、1998—2013 年、2014—2016 年的年均输沙量分别为 3143 万 t、268 万 t 和 109 万 t，据此估算，二滩、锦屏一级等水库修建后近年来年均综合拦沙量为 4190 万 t。

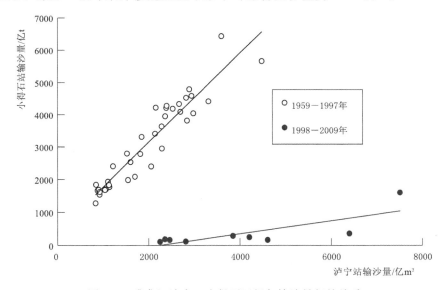

图 5.4　雅砻江泸宁—小得石区间年输沙量相关关系

3. 金沙江下游梯级水电工程

位于金沙江下游干流已建有乌东德、白鹤滩、溪洛渡和向家坝四座水电站。受向家坝、溪洛渡水电站蓄水影响，2012—2016 年，金沙江下游输沙量大幅减少，屏山站（屏山水文站于 2012 年 6 月改为水位站，其后的径流、输沙资料采用向家坝水电站下游 2km 的向家坝水文站）年径流量、年输沙量分别为 1286 亿 m³、175 万 t，较 2012 年以前均值（1954—2012 年均径流量和年均输沙量分别为 1443 亿 m³ 和 2.36 亿 t）分别偏小 11% 和 99%。

为估算溪洛渡水库、向家坝水库库区未控区间来沙量，依据 2008—2011 年金沙江下游干流华弹站、屏山站，以及支流黑水河宁南站、美姑河美姑站、西宁河欧家村站、中都河龙山村站的年输沙量和控制流域面积，估算出华弹—屏山未控区间年均输沙模数为

985t/(km^2 • a)。初步估算，2013—2014 年华弹—溪洛渡未控区间年均输沙量约为 2341 万 t，2015 年之后白鹤滩—溪洛渡未控区间年输沙量约为 2214 万 t，2013—2016 年溪洛渡—向家坝未控区间年均输沙量约为 332 万 t。因此，2013—2016 年，考虑未控区间来沙量后，溪洛渡、向家坝两库总拦沙量为 42071 万 t，年均拦沙量为 10518 万 t，其中，溪洛渡拦沙量 40006 万 t、年均拦沙 10001 万 t、向家坝拦沙量 2065 万 t、年均拦沙量 517 万 t。

5.1.3.3　水库拦沙效应研究

1. 水利工程淤积率经验模式

水利工程对其控制面积以上区域产沙量的拦截作用大小可以表示为

$$\overline{K} = \overline{W}_r / \overline{W}_F \tag{5.1}$$

其中
$$\overline{W}_r = \rho_s \overline{R} V \qquad \overline{W}_F = GF$$

式中：$\overline{K}$ 为水利工程拦沙效应系数（$0 < \overline{K} < 1$）；$\overline{W}_r$ 为水利工程年均拦沙（淤积）量；$\overline{W}_F$ 为水利工程集水区域的年产沙量；V 为水利工程的库容；F 为水利工程的集水面积；$\overline{R}$ 为水利工程的年淤积率；ρ_s 为泥沙淤积干容重；G 为水利工程集水区域的侵蚀模数。

因此有
$$\overline{K} = \rho_s \overline{R} V / GF \tag{5.2}$$

$$\overline{R} = \overline{K} GF / \rho_s V \tag{5.3}$$

根据部分水库的泥沙淤积资料计算年淤积率，然后把年淤积率、库容、集水面积、泥沙干容重以及水库集水区域的侵蚀模数代入式（5.2），计算出这些水库的拦沙效应系数 $\overline{K}$，再把 $\overline{K}$ 代入式（5.3），建立水库的淤积率公式，即作为水库年淤积率的经验公式。

2. 水库拦沙作用

在已有研究成果的基础上，对 1956—2015 年历年大、中、小型水库群的时空分布及其淤积拦沙作用进行了系统的整理和分析（表 5.7），1956—2005 年水库的淤积拦沙资料仍沿用已有成果。2006—2015 年水库拦沙计算时，大型水库以淤积拦沙调查为主，尽量考虑水库在位置、库容大小、用途以及调度运用方式等方面的代表性，充分考虑水库群库容沿时变化以及淤积而导致的库容沿时损失，当水库死库容淤满后，认为水库达到淤积平衡，其拦沙作用不计；中、小型水库淤积率沿用已有成果。

表 5.7　　　　　　　　　1956—2015 年金沙江流域水库拦沙量

时　段	水库类型	数量/座	总库容/亿 m^3	总淤积量/万 t	年均淤积量/万 t
1956—1990 年	大型	2	7	12896	368
	中型	184	11	4667	134
	小型	1952	12	9516	273
	合计	2138	30	27079	775
1991—2005 年	大型	6	78	47471	3164
	中型	44	4	1339	90
	小型	313	3	1279	86
	合计	363	85	50089	3341

时　段	水库类型	数量/座	总库容/亿 m³	总淤积量/万 t	年均淤积量/万 t
2006—2015 年	大型	14	344	115797	11580
	中型	39	10	5387	539
	小型	113	2	894	89
	合计	166	356	122079	12208
合计	大型	22	429	162681	2711
	中型	267	25	11393	190
	小型	2378	16	11690	195
	合计	2667	470	185764	3096

由表 5.7 可知:

(1) 1956—1990 年金沙江水库群年均拦沙量为 0.075 亿 t。水库拦沙以大型和小型为主, 其拦沙量分别占总拦沙量的 47.6％ 和 35.1％, 中型水库则占 17.3％。中小型水库均已达到淤积平衡。

(2) 1991—2005 年水库年均拦沙量为 0.334 亿 t。与 1956—1990 年相比, 年均拦沙量增加 0.257 亿 t, 主要是二滩电站拦沙所致。

(3) 2006—2015 年, 流域新建水库 166 座, 总库容 355.98 亿 m³, 年均拦沙量 1.221 亿 t。其中: 大型水库 14 座, 库容 343.9 亿 m³, 其年均拦沙量为 1.158 亿 t; 中型水库 39 座, 库容 10.36 亿 m³, 其年均拦沙量为 539 万 t; 小型水库 113 座, 库容 1.72 亿 m³, 其年均拦沙量为 89 万 t。其中 2013—2015 年溪洛渡、向家坝两库年均拦沙量为 1.052 亿 t, 雅砻江二滩、锦屏一级等水库年均综合拦沙量为 4190 万 t, 安宁河支流的大桥水库年均拦沙量为 56.8 万 t。

此外, 随着金沙江流域内水土保持治理、退耕还林等措施的实施以及上游梯级电站的陆续修建, 区间内来沙量将会有所减小, 下游水库的淤积速率和年均拦沙量也将会随之减小。

3. 水库减沙效应

水库拦沙后, 不仅改变了流域输沙条件, 大大减小了流域输沙量, 而且由于水库下泄清水, 引起坝下游河床沿程出现不同程度的冲刷和调整, 在一定程度上增大了流域出口的输沙量。已有研究成果表明, 水库拦沙对流域出口的减沙作用系数 a 可以表达为

$$a = \frac{S_t - S_a}{S_t} \tag{5.4}$$

式中: S_t 为水库拦沙量; S_a 为区间河床冲刷调整量。

水库减沙作用系数与其距河口距离的大小成负指数关系递减。根据实测数据计算不同阶段的减沙作用系数, 具体如下:

1956—1990 年, 金沙江流域水库大多位于较小支流或水系的末端, 距离屏山站较远, 因而其拦沙作用影响较小。在 "七五" 攻关期间, 分析得到流域水库群减沙作用系数为 0.109, 于是根据 1956—1990 年水库群年均拦沙量 (770 万 t) 计算得到其对屏山站的年

均减沙量为 84 万 t，仅占屏山站同期年均输沙量的 0.3%，说明水库群拦沙对屏山站输沙量影响不大。

1991—2005 年水库年均淤积泥沙约 2570 万 m³，约合 3340 万 t。与 1956—1990 年相比，年均拦沙量增加 2570 万 t，主要是二滩电站拦沙所致。二滩电站拦沙对屏山站的减沙作用系数约为 0.85，则其拦沙引起屏山站的年均减沙量为 3905 万 t（1999—2005 年），占屏山站同期年均输沙减少量的 48%。

2006—2015 年水库年均淤积泥沙约 9391 万 m³，约合 12208 万 t。与 1991—2005 年相比，年均拦沙量增加 8868 万 t，主要是金沙江中下游干流梯级电站拦沙所致。据估算，金沙江中下游梯级拦沙对屏山站的减沙作用系数分别为 0.85 和 0.99，中下游梯级拦沙引起屏山站年均减沙量为 1.773 亿 t，占该阶段屏山站同期年均输沙减少量的 83%。

综上所述，从水库减沙效应的年际变化来看，1956—1990 年、1991—2005 年、2006—2015 年水库拦沙对屏山站的减沙权重分别为 0.3%、48% 和 83%，水库拦沙作用逐步增强；从水库减沙效应的空间变化来看，1991—2005 年对屏山站减沙造成影响的水库主要分布在雅砻江流域，2006—2015 年对屏山站减沙造成影响的水库则主要分布在金沙江中下游干流。

从长远来看，本节所考虑的金沙江中下游干流梯级和雅砻江干流梯级水库，均位于金沙江流域的重点产沙区，拦截了金沙江流域的绝大部分来沙，如果未来在此区域内规划再兴建水电站，其对屏山站的拦沙贡献（即总量）也不会发生较大变化，会变的也仅仅是其在梯级水库各个库区的淤积分布。因此，本小节计算得出的水库蓄水拦沙效应也基本能反映未来金沙江流域的水库拦沙趋势。

5.2　嘉陵江水沙变化和机理分析

5.2.1　嘉陵江流域开发概况

嘉陵江是长江上游左岸的主要支流，流经陕西、甘肃、四川、重庆四省（直辖市），干流全长 1120km，全流域面积 16 万 km²，多年平均年径流量 699 亿 m³，在长江各支流中其长度仅次于汉江、水量仅次于岷江，流域面积则为最大，含沙量高，与金沙江下游并列为长江上游两大重点产沙区。嘉陵江流域包括干流、涪江、渠江三大水系，自上而下的主要支流有西汉水、白龙江、东河、西河、渠江、涪江等，以西汉水、白龙江和渠江产沙最丰。

嘉陵江流域在新中国成立初期至 20 世纪 70 年代中期，以农业开发和三线建设为主，水土流失严重；在 70 年代中期至 80 年代，处于产业结构调整并开始进行大型水利枢纽建设，并于 80 年代末期开展了"长江上游水土流失治理"工程（简称"长治"工程），1998 年以后启动长江上游天然林资源保护工程（简称"天保"工程）。

流域水电资源开发利用程度较高，截至 2017 年年底，嘉陵江流域已修建完成大中小型水库共 5119 座，总库容接近 240 亿 m³，总防洪库容约为 46 亿 m³。在不同时期，大中小型水库建成数量及其对应库容的统计数据见表 5.8。目前，已建成水库中，大型水库为

25 座，总库容约为 170 亿 m³，占已建成水库总库容的 72%，是流域水库库容的主要组成部分，其中在干流上游分布有 6 座无调节作用的径流式电站，而剩下的 19 座则是集中布置于干流中下游；中型和小型水库分别为 123 座和 4971 座，其库容占已建成水库总库容的比例依次为 18% 和 10%（Guo et al.，2020）。

表 5.8 　　　　　　　　　嘉陵江流域 1950 年以来已建成水库分类统计

时　段	大　型		中　型		小　型		水库群合计	
	数量/座	总库容/亿 m³	数量/座	总库容/亿 m³	数量/座	总库容/亿 m³	数量/座	总库容/亿 m³
1950—1959 年	0	0	10	2.67	802	3.38	812	6.05
1960—1969 年	0	0	11	2.39	605	3.51	616	5.9
1970—1979 年	1	5.21	27	9.45	2703	12.3	2731	26.96
1980—1989 年	3	17.73	16	3.37	543	3.08	562	24.18
1990—1999 年	2	8.75	13	5.75	208	0.91	223	15.41
2000—2009 年	13	61.15	24	10.16	96	0.9	133	72.21
2010—2017 年	6	77.45	22	7.65	14	0.18	42	85.35
合计	25	170.29	123	41.44	4971	24.26	5119	236.06

图 5.5 为嘉陵江流域 1950 年以来建成水库总库容、防洪库容及水库数量累计变化图。从水库库容变化过程可以看出：

（1）嘉陵江流域水库总库容在 20 世纪 50—60 年代处于很低水平，1969 年年底总库容约为 12 亿 m³，中型和小型水库库容占总库容比例分别为 42% 和 58%。

（2）从 20 世纪 70 年代开始水库总库容随着水库的大量修建而逐步增大，到 90 年代末总库容增长了 5.5 倍多，达到 78.5 亿 m³；平均每 10 年水库库容增大约 22 亿 m³，是 50—60 年代平均每 10 年库容增大值的 3.7 倍，其中在 1984 年由于大（1）型水库（库容＞10 亿 m³）升钟水库（总库容 13.39 亿 m³）的建成而呈跳跃式增长。在 1970—1999 年这一阶段新增的大、中、小型水库库容占新增总库容比例分别为 47.6%、27.9% 和 24.5%，大型水库库容略小于中小型水库库容之和。

（3）2000 年以后，嘉陵江流域水库总库容变化趋势转变为快速上升，平均每 10 年水库库容增大约 89 亿 m³，特别是在 2001 年、2011 年和 2013 年出现了大幅度的跳跃式增长，分别是因为大（1）型水库宝珠寺（库容 25.5 亿 m³）、草街航电（库容 22.18 亿 m³）和亭子口（库容 40.67 亿 m³）的建成，这一阶段大型水库库容增大占主导，新增大型水库库容占新增总库容的 88%，中型水库约占 11%，小型水库几乎可以忽略，其占比不足 1%。并且，这一阶段建成的亭子口水库是嘉陵江干流开发中唯一的控制性工程，具备较强调节能力，发挥着防洪、灌溉、发电、航运、拦沙减淤等综合效益。

（4）嘉陵江目前在建的水库有 44 座，其中包含 3 座大型水库，在建水库总库容约为 13.6 亿 m³，占已建成水库总库容的 5.8%。由于上述大规模的人类活动及相关自然条件变化，嘉陵江流域的产输沙特性在此期间发生了明显变化，尤其自 20 世纪 90 年代以来，其出口控制站——北碚水文站的输沙量较 1990 年前的年均值减少一半以上。作为长江上游的重点产沙区，嘉陵江流域如此剧烈的变化引起了众多研究者的关注。

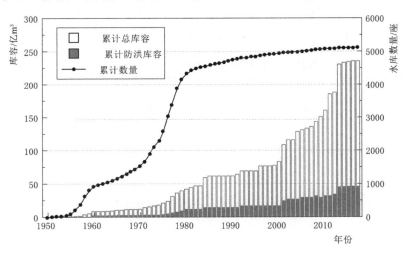

图 5.5　嘉陵江流域 1950 年以来建成水库总库容、
防洪库容及水库数量累计变化图

　　嘉陵江流域来沙并非一直保持稳定或继续减小，在 2008 年汶川地震以后，由于地表松散堆积物富集，其来沙出现了一定程度的增加（Zhou et al.，2020）。因此，本节采用 1954—2015 年共 60 余年的实测数据对嘉陵江北碚站来沙进行研究，并探索其中各个跃变点的发生机制，对不同时期嘉陵江来沙对整个长江上游来沙的贡献值及发展趋势进行分析。

5.2.2　来沙量变化规律与趋势

　　根据 1954—2015 年的实测年均数据，对嘉陵江北碚站的来水来沙特性进行分析，其分年代统计情况见表 5.9。

表 5.9　　　　　　　　　　　　嘉陵江北碚站各年代年水沙量均值变化表

项　　目	20 世纪 50 年代	20 世纪 60 年代	20 世纪 70 年代	20 世纪 80 年代	20 世纪 90 年代	2000—2009 年	2010—2015 年	多年平均	统计年限
径流量/亿 m³	677	814	611	770	549	578	691	688	
变化率		18.3%	−11.2%	11.9%	−20.2%	−16.0%	0.4%		
输沙量/万 t	14197	18470	10940	14340	4830	2343	3469	9997	1954—2015 年
变化率		84.8%	9.4%	43.4%	−51.7%	−76.6%	−65.3%		
含沙量/（kg/m³）	2.20	2.27	1.79	1.86	0.88	0.41	0.50	1.50	

　　采用滑动平均法可以弱化序列高频振荡（水沙特别年份）对水沙变化趋势分析的影响，对北碚站径流和泥沙通量的 K 值分别取 11 年和 7 年，得到其变化趋势（图 5.6）。1954—2015 年，北碚站径流量呈一定的减小趋势，但整体变幅较小，其输沙量则呈较明显的减少趋势，尤其表现在 1990 年以来的变化上。

北碚站的径流量变化在 20 世纪呈现出一个交替变化的态势，但其输沙量的减少则主要集中在 20 世纪 90 年代以后。20 世纪 60 年代和 80 年代，北碚站径流量、输沙量均比多年平均径流、输沙偏大，其中 60 年代径流量、输沙量相比多年平均值增幅分别为 18.3％和 84.8％，80 年代径流量、输沙量相比多年平均值增幅为 11.9％和 43.4％；70 年代径流量有所偏小，但输沙量仍较多年平均值偏大 9.4％；90 年代径流量与输沙量均比多年平均值偏小，减幅分别为 20.2％和 51.7％；2000—2009 年北碚站径流量较 90 年代略有恢复，但输沙量持续减小，其偏小率为 76.6％；2010—2015 年北碚站径流量与多年平均值基本相同，输沙量较上一个十年有所增加，但其相比多年平均值偏小率仍达 65.3％。相应含沙量变化亦表现出了一定的交替性，即 60 年代、80 年代偏大，70 年代、90 年代偏小，其中 90 年代的减小明显，进入 21 世纪这一减小趋势进一步加大，2010 年以来又稍有增加。

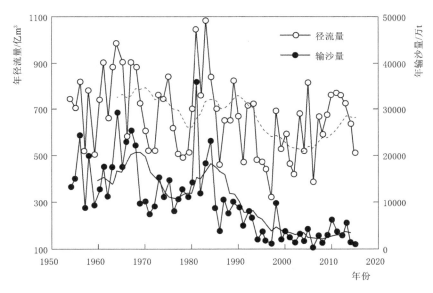

图 5.6　嘉陵江北碚站水沙变化（径流量和输沙量的平
均线分别为 11 年和 7 年的滑动平均线）

利用重标度极差分析法对年输沙量和径流量进行趋势显著性检验，计算结果如图 5.7 所示，嘉陵江 1954—2015 年输沙量和径流量的 Hurst 指数为 0.9296、0.8534，接近 1，说明输沙量和径流量的趋势变化存在持续性，未来将继续呈减小化趋势。

考虑到宜昌站的输沙量受三峡水库影响极大，故采用当前长江上游输沙量统计的一般办法，即采用嘉陵江北碚站、乌江武隆站和长江朱沱站三站之和作为长江上游总的来沙量，将北碚站来水来沙与上述三站之和进行对比，即可知嘉陵江来水来沙量在整个长江上游的地位。图 5.8 给出了不同年代北碚站来水来沙与三站之和的比例变化。由图可见，其水量相对变化不大，多年来基本占整个长江上游的 15％左右，但沙量变化比例较大，一般可占 20％，长期处于长江上游各支流来沙量第一的位置，其中来沙较多的 1960—1969 年，其比例高达 25％；但 1990—1999 年和 2000—2009 年，其来沙量比例下降到 10％左

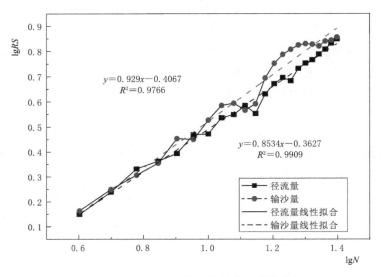

图 5.7　嘉陵江北碚站水沙趋势显著性分析

右，一度被岷江超越，退居长江上游支流第二大产沙区。在 2010 年以后，其输沙量又有所恢复和增加，相应比例也恢复至 20％，并回到了第一大产沙区的位置。总的来说，嘉陵江流域存在长时间段丰、枯相间的周期性变化规律，丰枯水年代交替出现，来沙量亦基本与来水丰枯同步，二者之间存在差异，但基本变化趋势一致，相对而言，径流量年际变化不甚显著，而输沙量年际变化较大。

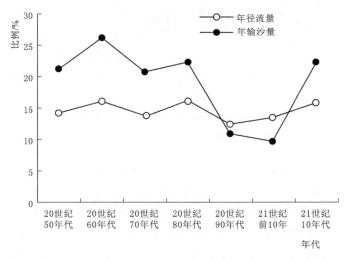

图 5.8　嘉陵江来水来沙占长江上游总量的比例变化

5.2.3　水沙关系变化机理分析

　　流域水沙关系直接反映流域侵蚀—输沙系统的变化特性。流域由于下垫面条件的变化而引起产输沙量发生改变，其水沙相关关系将会发生变化，同时水沙关系变化也可反映出极端情况的发生（丁文峰 等，2008）。从图 5.6 来看，北碚站水沙关系较为散乱，20 世纪 70 年代和 90 年代以后其水沙关系不同于总体趋势，说明在这个时期内，嘉陵江流域的下垫面条件发生了明显变化，导致其流域侵蚀及产输过程发生改变；同时，60 年代和 80 年代具有不同于本年代大致规律的极端情况出现，说明此期间有极端水文情况发生。

将 M－K 突变检验模型与水沙双累积曲线法相结合，分析嘉陵江泥沙输移的变化机理，如图 5.9 所示。可以看出 M－K 突变分析结果显示年输沙量大的变化期可以以 1990 年分为前后两个阶段，1990 年以前有一定的丰枯相间变化，1990 年以后总的趋势是持续减小。在 1990 年前，1963 年、1968 年、1981 年、1984 年为典型突变点；1990 年以后突变并不明显，但存在 1998 年、2009 年和 2013 年等非显著突变点。

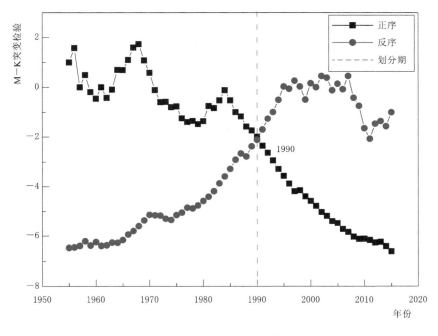

图 5.9　M－K 突变分析

图 5.10 所示为北碚站径流量与输沙量的关系，图 5.11 所示为水沙双累积曲线。在水沙双累积曲线上可以用上述 8 个突变年份将整个时间序列分为 9 个阶段，即 1954—1963 年、1964—1968 年、1969—1980 年、1981—1984 年、1985—1990 年、1991—1997 年、1998—2009 年、2010—2013 年、2014—2015 年。一般流域下垫面和降雨条件变化不大时，其水沙双累积曲线多呈线性关系；如发生转折或曲线斜率改变，说明其下垫面条件或降雨条件发生了趋势线变化；如出现跳跃点，则说明该年水沙关系出现了突变。图 5.11 中给出各个阶段的水沙关系斜率：相邻阶段的斜率变化大，说明突变年份或相应阶段流域下垫面发生了持续性的变化；斜率变化小，则说明突变年份仅仅是当年来沙突变而并未造成持续性影响，相邻两阶段可合并为同一阶段。

斜率对比可以看出，1954—1963 年、1964—1968 年与 1969—1980 年 3 个阶段斜率差

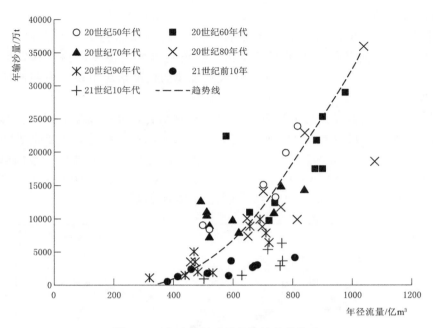

图 5.10　北碚站径流量与输沙量的关系

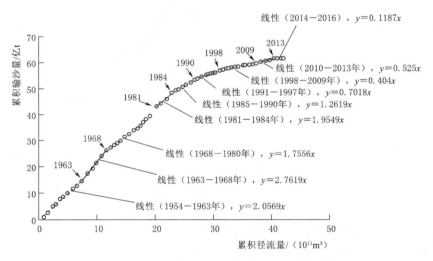

图 5.11　北碚站年径流量与输沙量的双累积曲线

别较大，说明这三个阶段流域下垫面条件有所不同；1969—1980 年与 1981—1984 年斜率差别小，但存在 1981 年突变点，说明 1981 年的突变明显但并未造成持续性影响，可以合并为同一个阶段；1985—1990 年与 1991—1997 年斜率差别较大；但 1991 年以后总体变化不大，在 0.4～0.7 范围，期间仅存在 1998 年、2009 年等突变点，并未造成大的趋势改变，1991—2012 年应为同一个阶段；2013 年以后又有新的变化，斜率骤减至 0.1 左右。

　　这样综合 M－K 检验与双累积曲线，可以将嘉陵江来沙变化划分为以下 7 个阶段：

　　（1）1954—1963 年。双累积关系呈直线，说明此期间北碚站的水沙关系较为稳定。

（2）1963—1968 年。双累积关系直线斜率较上一时段有所加大，也是 60 年代斜率最大时期，说明在 1963—1968 年间，三线建设和农业开发，显著改变了流域下垫面条件，使之增沙。

（3）1969—1984 年。从 1968 年开始，双累积直线斜率减小，说明相对于径流量而言，北碚站的输沙量明显减少。这一时期也是流域内中小型水利工程的建设高潮期，并在 1975 年建成了流域内第一个大型水库——碧口水电站。各水利工程的蓄水拦沙，使河道输沙量显著减少。但同时也存在 1981 年、1984 年等来沙局部突变年份，因为 1981 年嘉陵江发生了特大洪水，破坏了部分水利工程、尤其是塘堰、小水库等水土保持工程，使前期赋存的泥沙集中"释放"，增加了泥沙来源，在 1984 年亦发生了大洪水。但整个这一时段，下垫面的改变仍以减少作用为主。

（4）1985—1990 年。双累积直线斜率明显减小，这说明在此期间，嘉陵江的输沙量相对于径流量显著减小了。主要原因是产业结构调整、外出务工人口增加，从而农业发展对流域侵蚀产沙的增进作用减小了。

（5）1991—2009 年。在此期间，为治理长江上游水土流失，陆续实施了"长治"工程和"天保"工程，大大加强了流域水土保持工作。同时，在此期间，随着技术力量的发展，流域水电开发逐渐开始向大型化发展，在碧口水库的基础上，先后建成了升钟水库、鲁班水库、马回水库、江口水库和宝珠寺水库等大型水库，仅 1990 年至 2005 年，建成水库总库容为 105.73 亿 m³，超出此前历史总和，并开始兴建草街水库［大（1）型］。水土保持工作和大型水库的建成，对流域产沙和输沙将有长期的巨大影响。期间的跃变点主要是 1998 年和 2009 年，历史性大洪水和汶川地震的影响造成了北碚站输沙的暂时性大幅增加。

（6）2010—2013 年。双累积直线斜率在持续 26 年减小后，在 2010 年再次增大，且此间并没有出现明显的大水年，并不断有草街、武都、苗家坝、亭子口这样的大型水库蓄水运用，但斜率仍有一定增幅，主要原因是在降雨条件、人为作用的下垫面条件之外，还需要考虑自然作用的降雨分布改变，下垫面条件改变，以及地震的次生灾害。

（7）2014 年以来。地震次生灾害的影响趋于结束，同时伴随着草街枢纽等水利工程的运用，流域输沙减小到了整体序列的最低值。

5.2.4　嘉陵江输沙变化讨论

在当前流域来沙大幅减少的趋势背景下，嘉陵江在 1998 年这一局部突变年份以及 2010—2013 年的小幅恢复阶段是值得关注的。嘉陵江输沙过程及特征受到多方面因素的影响，包括降雨、地震以及人类活动等。

5.2.4.1　降雨分布变化的影响

2010 年以来，除 2013 年、2015 年外，因暴雨分布的改变，渠江均发生了洪水，而渠江流域除位于其上游的江口电站外没有大型水库拦沙，一旦遭遇洪水便会形成大量来沙，其多年输沙量变化也相对较小。根据多年平均数据，渠江来沙量约占北碚站输沙量的 20%，而由于流域其他支流来沙减小，在最近的洪水年份，其来沙量均在 1000 万 t 以上，可占北碚站输沙量的 50%～70%。图 5.12 和图 5.13 分别给出了嘉陵江干流武胜站、渠江罗渡溪站和涪江小河坝站的逐年径流量和输沙量占北碚站的百分比，可见，近年来渠江来沙对北碚站泥沙通量的大小起到了决定性作用。而近年来渠江洪水较频繁，据统计，

1953—2014 年，罗渡溪站共有 16 年的年最大洪峰流量超过 20000m³/s，其中 2000 年以来就有 8 个年份。因此，降雨集中在渠江，就保证了嘉陵江可观的全年来沙量。

　　注：嘉陵江干流武胜站至北碚站之间建有桐子壕电站（2003 年建成）和草街枢纽（2011 年建成），涪江小河坝站以下有安居和渭沱梯级电站（均于 1991 年蓄水），因上述水库的拦蓄作用和河道采砂，武胜站、罗渡溪站和小河坝站三站输沙量之和近年往往明显大于北碚站，其中，2006 年仅渠江罗渡溪站输沙量即达到北碚站的 6.4 倍，因该极大值不利图示，故图中没有示出。

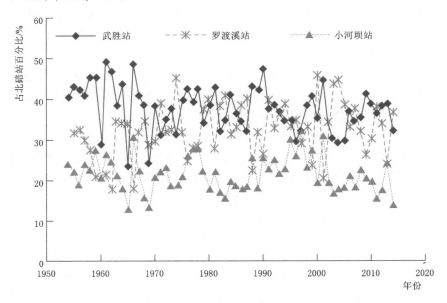

图 5.12　嘉陵江主要水文站占北碚站径流量百分比

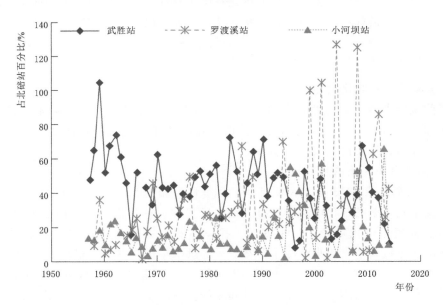

图 5.13　嘉陵江主要水文站占北碚站输沙量百分比

5.2.4.2 地震次生灾害的影响

嘉陵江上游地处"5·12"汶川地震震区，有研究表明：汶川地震形成的松散堆积体规模约为 50 亿～100 亿 m^3，并且地震严重损坏了近 20 年来建设的水土保持设施和部分水利水电工程，一旦遭遇暴雨，将产生大量来沙；汶川地震所造成的山地灾害将持续 10 年左右，而后趋于减缓，因此，在 2008 年以来的 10 年里，地震造成了一定的增沙作用。

5.2.4.3 人类活动的影响

将实测径流序列划分为两个阶段。第一个阶段为流域保持天然状态的阶段，将该时期的实测输沙量作为基准值。第二个阶段为人类活动影响阶段，认为该时期的实测输沙量相对于基准期的变化，是气候变化和人类活动两种因素共同作用的结果。假设两种影响因素相互独立，那么就可以定量计算每种因素对输沙量变化的贡献率，计算步骤见式（5.5）～式（5.7）。

$$\Delta S = \Delta S_C + \Delta S_H \tag{5.5}$$

$$\eta_C = \frac{\Delta S_C}{\Delta S} \times 100\% \tag{5.6}$$

$$\eta_H = \frac{\Delta S_H}{\Delta S} \times 100\% \tag{5.7}$$

式中：ΔS 为影响评价期实测输沙量相对于基准期的变化总量；ΔS_C 和 ΔS_H 分别为气候变化和人类活动引起的泥沙变化量；η_C 与 η_H 分别为气候变化和人类活动对径流变化总量的贡献率。

成因分析的关键在于合理确定基准期，以及准确模拟影响评价期的天然径流量。

根据地貌演化过程的动力学机制，根据产沙函数模型 $S = M \cdot f(Q, P)$ 求出人类活动引起的减沙量，即

$$S \frac{dS}{dt} = M \frac{dM}{dt} + \varepsilon_Q Q \frac{dQ}{dt} + \varepsilon_P P \frac{dP}{dt} \tag{5.8}$$

式中：S 为输沙量；M 为人类活动引起输沙变化量；Q 为径流量；P 为降水量；ε_Q、ε_P 称为径流、降水的产沙弹性系数，表示影响评价期年径流、降水量较基准期变化 1% 条件下年输沙量的变化率。

显然，$\varepsilon_Q(\varepsilon_P)$ 取值越大，单位径流（降水）导致的产沙量变化对流域输沙量变化的贡献率越高。

考虑实际计算需要和方便，采用差分方程的形式代替式（5.8），即

$$\frac{\Delta S}{S} = \frac{\Delta M}{M} + \varepsilon_Q \frac{\Delta Q}{Q} + \varepsilon_P \frac{\Delta P}{P} \tag{5.9}$$

人类活动（土地利用和水利工程拦沙）对于流域输沙量的影响量 m 表示为

$$m = \frac{\Delta M}{M} \cdot \frac{S}{\Delta S} \tag{5.10}$$

径流、降水的产沙弹性系数与气候、地形地貌、土地类型等因素有关，本研究通过北碚站的年降水量、径流量与流域输沙量的灰色关联分析，估计其弹性系数 ξ，即

$$\xi_i(k) = \frac{\min_i(\Delta_i(\min)) + 0.5 \max_i(\Delta_i(\max))}{|x_0(k) - x_i(k)| + 1.5 \max_i(\Delta_i(\max))} \tag{5.11}$$

其中

$$\min_i(\Delta_i(\min)) = \min_i(\min_k |x_0(k) - x_i(k)|)$$
$$\max_i(\Delta_i(\max)) = \max_i(\max_k |x_0(k) - x_i(k)|) \tag{5.12}$$

$$r_i = \frac{1}{n}\sum_{k=1}^n \xi_i(k) \tag{5.13}$$

式中：$x_0 = (x_{0(1)}, x_{0(2)}, \cdots, x_{0(n)})$，为极差标准无量纲化后流域输沙量时间序列；$x_1 = (x_{1(1)}, x_{1(2)}, \cdots, x_{1(n)})$，为极差标准无量纲化后流域降水量时间序列；$x_2 = (x_{2(1)}, x_{2(2)}, \cdots, x_{2(n)})$ 为极差标准无量纲化后流域径流量时间序列；r_i 为关联度。

按照大的阶段，将整个来沙序列分为 3 个阶段，定量分析其产沙影响因素的作用。将 1954—1963 年为基准期，1964—1990 年、1991—2015 年为突变评价期。

精确的估计径流、降水的产沙弹性系数，是产沙函数模型中定量确定人类活动对河流输沙量影响的关键步骤。本节分析人类活动对嘉陵江流域输沙量影响，利用式（5.11）～式（5.13）灰色关联分析，求得降水、径流产沙弹性系数分别为 0.6621，0.5878，根据式（5.10），即可计算出人类活动对于嘉陵江流域输沙量影响。

利用资料计算得出 20 世纪 90 年代前嘉陵江流域水库群拦沙对北碚站的年减沙量为 710 万 t。1991—2001 年，流域水库新建中小水库库容为 35.825 亿 m³，按照水库平均淤积率 0.86%，得这期间水库年拦沙量为 2880 万 m³，合计 3750 万 t（按泥沙干密度 1.3t/m³）。嘉陵江流域干流亭子口以下河道水流条件发生较大改变，结合河床分析，白龙江流域对北碚站减沙的作用系数取 0.9 左右，渠江流域拦沙作用系数取 0.7，涪江流域取减沙作用系数 0.7，亭子口—武胜区间干流拦沙作用系数取 0.9，综合计算可得嘉陵江流域水利拦沙对北碚系统输出站的年减沙量为 3250 万 t。1991—2005 年，流域已建和新建水库总库容高达 105.73 亿 m³，水库群年拦沙量为 5249 万 t，减沙作用系数取 0.74，则嘉陵江水利拦沙对北碚系统输出站的年减沙量为 3880 万 t。

同时，依据 1991—2001 年和 1991—2005 年系列数据，可计算得出 2002—2005 年流域水利拦沙对北碚系统输出站的年减沙量为 3987.5 万 t。2006—2015 年，流域已建和新建水库总库容高达 236.31 亿 m³，按照水库年均淤积率 0.38%（假定与 2002—2005 年保持平衡），水库群年拦沙量 11729.7 万 t，减沙作用系数 0.74，可得嘉陵江流域水利拦沙对北碚系统输出站的年减沙量为 8679.96 万 t，得出水土利用和水利工程对于人类活动中流域输沙量减少的贡献率，结果见表 5.10。

表 5.10　　　　　　降水和人类活动对流域输沙量影响结果

时　段	实测年均输沙量 /万 t	减少量 /万 t	降水因素		人类活动	
			年均影响量/万 t	贡献率/%	年均影响量/万 t	贡献率/%
1954—1963 年	16200					
1964—1990 年	13664	2536	1304	51.4	2059.2	48.6
1991—2001 年	4115	12085	3400	28.6	8634.6	71.4
2002—2005 年	2128	14072	2184	15.5	13423.7	84.5
2006—2015 年	3104	13096	1637	12.5	11459.2	87.5
1991—2015 年	3354	12846	2522	19.6	10328	80.4

与 1954—1963 年基准期相比，1990 年以前流域来沙整体小幅减小，其中降雨因素的影响占到了 51.4%，人类活动影响占 48.6%；在 1990 年以后流域来沙大幅减小，其中降雨因素影响只占 19.6%，人类活动影响占 80.4%，其中水利工程拦沙占 51.8%，土地利用及其他因素占 48.2%。如果将 1990 年以后按照水库建设历程统计划分阶段，可以看出，水库拦沙的作用整体是增大的，在 2006 以来，其减沙作用可以占到整个人类活动的 75.7%，占全部减沙因素的 66.3%。

为了验证上述定量估计人类活动对于各阶段输沙量贡献率的准确性，采用水文分析模型法（简称"水文法"），即在不考虑下垫面变化的条件下，河川径流量和输沙量受降雨控制，即在一定的降水条件下，产生的径流量和输沙量是基本一定的；当下垫面条件发生变化的时候，则相同降水情况下产生的径流量和输沙量就存在差异。依据上述原理，利用基准期（1954—1963 年）的实测水文气象资料，通过多元回归分析，建立累积降雨与累积输沙量关系的回归方程：

$$S_0 = aP_0 = b \tag{5.14}$$

式中：S_0 和 P_0 分别为基准期的累积年输沙量和径流量；a、b 为系数。

通过变化期（1964—1990 年、1991—2001 年、2002—2005 年、2006—2015 年）的径流量和输沙量得到相应的回归方程，即可计算人类活动对于输沙量的影响：

$$S_H = S_{fit} - S_{change} \tag{5.15}$$

其中
$$S_{non} = aPn_{change} + b \tag{5.16}$$
$$S_{fit} = aP_{change} + b \tag{5.17}$$
$$S_P = S_{non} - S_{fit} \tag{5.18}$$

式中：S_{fit}、S_{change}、S_{non} 分别为变化评价期的模拟累积输沙量、实际累积输沙量、降雨不变时变化评价期的累积输沙量，万 t；P_{change}、Pn_{change} 分别为累积径流量、变化期的累积径流量，mm；S_P 和 S_H 分别为降水和人类活动对于泥沙的贡献率，万 t。

产沙函数法求出的人类活动引起的减沙量与水文法计算的结果相差不大，其中相对误差最小为 0.8%，说明产沙函数法的可行性，具体数据参见表 5.11。

表 5.11　　　　　　　　　　人类活动对于北碚站减沙量贡献率

时　段	不同方法计算的减沙量贡献率/%		绝对误差/%	相对误差/%
	水文法	产沙函数法		
1964—1990 年	48.2	48.6	0.4	0.8
1991—2001 年	66.7	71.4	4.7	6.5
2002—2005 年	82.9	84.5	1.6	1.9
2006—2015 年	86.8	87.5	0.7	0.8
1991—2015 年	77.2	80.4	3.2	4.0

近年来导致嘉陵江流域水沙变化的主要因素主要包括气候变化和人类活动。气候变化因素主要涉及降雨强度、降雨量大小及地区分布等，对于流域输沙影响较大，随机性较强，且具有明显的周期性变化；如果气候变化对于嘉陵江流域输沙量贡献率较大，则输沙量会随气候周期性变化而波动。人类活动主要包括水土流失治理和水库拦沙，水土流失治理导致的减沙有一定的周期性，但会在一定时间达到相对平衡的极限值；水库拦截泥沙导

致下游输沙量减少,其拦沙效益很显著,但当水库淤积平衡后,不再具有拦沙效益,上游来沙量又将恢复到自然状况。

　　嘉陵江流域 1954—2015 年降水对于流域输沙量的贡献率逐步降低,人类活动成为流域输沙量减少的主要驱动力(图 5.14)。人类活动中,1964—1990 年水利拦沙在人类活动中占主导地位,占比 57.6%。这一时期也是流域内中小型水利工程的建设高潮,并在 1975 年建成了流域内第一个大型水库——碧口水电站。各水利工程的蓄水拦沙,使河道输沙量显著减少。在 1991—2005 年间,土地利用在北碚站减沙中比例由 42.4% 升至 66.5%,这主要是 1988 年起,国务院批准将嘉陵江中下游列为全国水土重点防治区之一,开展重点防治("长治"一期工程);1998 年特大洪水后又实施"天保工程",并要求所有坡度在 25° 以上的坡耕地全部要求退耕还林还草,土地侵蚀控制作用明显。2006—2011 年建成水库库容为 236.31 亿 m³,超过此前历史时期的总和,水利工程对流域产沙和输沙有长期的巨大影响,其在人类活动中占主导地位,占比 75.7%。

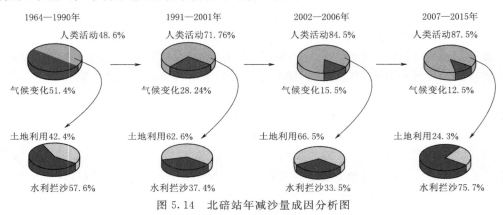

图 5.14　北碚站年减沙量成因分析图

　　总的来说,嘉陵江流域产输沙受人类活动和极端自然灾害影响较大。在 1990 年以前的 30 余年里,因人类活动的类型与规模不同,北碚站输沙量表现出往复变化的特点。在 1990 年以后很长一段时期内,因流域内产业结构调整以及水土保持工程和大型水库工程的建设,导致流域产沙减少,河道输沙拦截,北碚站输沙量持续大幅减小。"5·12"汶川地震以后,地震次生灾害导致堆积体富集和水土保持工程的破坏,加之降雨分布的改变,使北碚站输沙量有所恢复,但仍受大型水库拦沙影响明显。值得说明的是,由于流域控制性水利枢纽亭子口水库的建成投产,其对合川以上干流的来沙将起到决定性的拦沙作用。因此,长期来看,嘉陵江北碚站来沙减小的趋势仍将持续。但特大洪水及地震等自然灾害对流域径流、地面侵蚀、中小水库冲淤及河道输沙的影响不容忽视,当遇到上述特大自然灾害时,可能会出现水土保持及山洪灾害整治工程和水库所存积泥沙的瞬间释放和下泄,造成下游沙量剧增。

5.3　岷江水沙变化和机理分析

5.3.1　岷江流域基本情况

　　岷江是长江上游重要的支流,发源于四川与甘肃接壤的岷山南麓弓杠岭、朗架岭,东经 99°42′～104°40′，北纬 28°20′～33°38′，总流域面积 135387km²，干流全长 735km，天然落差 3560m，平均比降 4.84‰，河口多年平均流量 3022m³/s。流域内水量丰沛，水力资源丰富，全流域多年平均水资源总量 953.6 亿 m³，水力资源理论蕴藏量 54564MW。

岷江自北向南贯穿四川省中部，流经四川省阿坝藏族羌族自治州、成都、眉山、乐山、宜宾市等地。根据其干流地理特点，都江堰市以上为上游，都江堰市至乐山为中游，乐山至宜宾为下游。主要支流有黑水河、杂谷脑河、大渡河等。考虑水文站的地理位置和资料的连续性，选用岷江出口处的高场水文站径流输沙资料，分析岷江流域径流输沙的时间变化特征。高场站是位于四川省宜宾市叙州区岷江边的水文站（图 5.15），该站的径流量与输沙量可以代表岷江流域进入长江的水量和沙量。

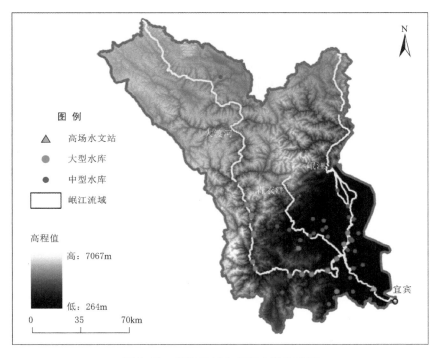

图 5.15 岷江流域大中型水库分布图

岷江是长江重要的一级支流，对长江水沙变化有着一定的影响。相较于长江其他支流，岷江开发时间略晚，开发程度较低。近年来，岷江流域水利工程不断增多，流域水沙情况开始变化。观测资料表明：随着岷江流域大规模水库的开发建设，其径流量、输沙量都有减少的趋势。岷江流域内的总体地质地貌条件和气候降水条件仍然相对稳定，因此，影响江河水沙变化的因素主要就是人类活动，主要包括流域内实施水土保持措施、修建水库、河道采砂等。郭卫等（2018）根据水文数据得出岷江流域径流有下降趋势，分析现有梯级水库运行对岷江河流水文情势的影响，预测高场站汛期来水相比现状将减少、枯期来水相比现状将有所增加。陈泽方等在分析了岷江流域内 7 个雨量站年降雨量资料后，得出流域年均降雨量偏少幅度与径流量偏少幅度基本相同的结论。总之，岷江径流量的变化与多种因素有关，更是自然因素和人类活动共同作用的结果，但降雨量对其影响较大。王延贵等（2016）采用累积曲线法、M－K 次序分析法和聚类分析法对长江上游干支 1950—2014 年的水沙特性变化进行研究，分析了人类活动对流域水沙输移的影响，研究认为岷江年径流量具有减少趋势，而输沙量则具有显著减少的趋势，而且是岷江输沙量的突变年份，主要是由岷江流域水电站陆续修建所致。李海彬等（2011）通过分析指出流域水土保持、水库拦沙、河道采砂和过度开发等人类活动是长江流域水沙变异的主要因素，其中水库拦沙作用明显。可见水库发挥着重要的拦沙作用，改变了流域的水沙条件。因此，本节主要分析岷江流域水库建设及对水沙输移的影响。

5.3.2　岷江流域水库建设历史及其现状

岷江流域水能蕴藏量大，可开发水电资源较多。但开发程度较低，水库大规模修建的时间较晚。据不完全统计，截至 2017 年年底，岷江流域已修建完成大中小型水库共 875 座，其中大型 24 座，中型 52 座，小型 799 座；累计总库容约为 153 亿 m³，累计防洪库容约为 14.4 亿 m³。其中，已建成的 24 座大型水库总库容约为 127 亿 m³，占已建成水库总库容的 83% 以上，是岷江流域水库库容的主要组成部分。小型水库 799 座，占已建成水库数量的 91% 以上，是岷江流域水库数量的主要部分（表 5.12）。因此，岷江流域水库建设情况可从水库数量和水库累计总库容变化这两个方面来看。

表 5.12　　　　　　　　　岷江流域水库数量和库容建设各年代情况

建成时间	水 库 分 类				新增总库容/万 m³	新增防洪库容/万 m³
	大型	中型	小（1）型	小（2）型		
1950—1959 年	0	2	29	167	17242	3738
1960—1969 年	0	0	21	54	7566	2176
1970—1979 年	2	11	82	301	121679	22922
1980—1989 年	0	6	12	49	16508	4207
1990—1999 年	1	3	6	21	36120	1418
2000—2009 年	7	9	20	24	296581	32562
2010—2017 年	14	21	7	6	1034867	77217
在建	8	12	2	0	388422	66300

从水库数量变化过程（图 5.16）来看，20 世纪 50 年代开始至 70 年代末是岷江流域水库数量增长最快的时期，水库总数从几座增长为 1979 年的 669 座，在这期间修建的主要为小型水库，其数量达到 522 座，占修建水库总数的 78%，该时期修建完成的大型水库仅有 2 座，分别是 1972 年和 1978 年建成的黑龙潭（库容 3.6 亿 m³）和龚嘴（库容 3.7 亿 m³）水库。从 80 年代开始水库建设数量显著减少，并且呈持续下降趋势，1980—1989 年、1990—1999 年、2000—2009 年和 2010—2017 年水库建成数量依次为 67 座、31 座、60 座和 48 座，不过大型水库数量有所增加，1980—2017 年间建成大型水库 22 座，其中最主要的 3 座大（1）型水库，分别为瀑布沟、紫坪铺、长河坝。从分布上来看，绝大多数水库在青衣江和岷江干流区域，共计 774 座，约占总数的 90%，其次是大渡河流域，共 51 座，占 6%。

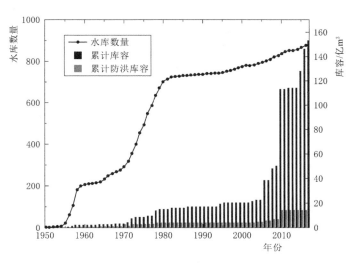

图 5.16　岷江流域水库建设情况

从水库库容变化过程来看，岷江流域水库建设大体可以分为四个阶段：

第一阶段（1950—1969 年）。总库容小，增速慢，以小中型水库为主；岷江流域水库总库容在 50—60 年代处于极低水平，1969 年年底总库容仅仅 2.48 亿 m^3，整个流域没有一座大型水库，只有中型水库 2 座，其余全是小型水库，273 座。60 年代水库库容增长最慢，是水库建设的一个低谷，新增库容仅为 7566 万 m^3。

第二阶段（1970—1979 年）。总库容快速增大，增速也很大，虽然新增库容约为 12.17 万 m^3，因为 60 年代的库容极低，70 年代新增库容增速为 16 倍，是增速最大的时期，该阶段开始出现大型水库，并以大中型水库增加的库容最为显著。70 年代迎来水库建设的一个小高峰，水库总库容与以往相比增幅极大，几乎是 60 年代库容的 6 倍，主要是大型水库修建带来的跃升，仅黑龙潭水库（1972 年）就增加约 3.6 亿 m^3 库容。

第三阶段（1980—1999 年）。总库容平缓增大；80—90 年代增长平缓，每 10 年新增库容约 2 亿 m^3。

第四阶段（2000—2017 年）。总库容快速增大，平均每 10 年库容增大量超过之前所有时期的总和，这一阶段以大型水库为主导。21 世纪初期，岷江流域水库总库容快速上升，平均每 10 年水库库容增大 70 亿 m^3 左右，特别是在 2006 年和 2010 年出现急剧增长，分别是因为大（1）型水库紫坪铺（库容 11.12 亿 m^3）和瀑布沟（库容 53.9 亿 m^3）的建成。另外，2008 年建成的瓦屋山（库容 5.8 亿 m^3）、硗碛（库容 2.21 亿 m^3）和龙头石（库容 1.39 亿 m^3）这三座大（2）型水库也使岷江流域总库容有了不小的增加。可以看出，这一阶段以大型水库修建增大新增总库容为主，中型水库和小型水库几乎可以忽略。

此外，岷江目前在建的水库有 22 座，其中包含 8 座大型水库，中型水库 12 座，小型水库 2 座，在建水库总库容约为 38.8 亿 m^3，相当于已建成水库总库容的 25.4%。

岷江流域水库建设近年来增速明显，水库数量、水库库容都有了较大的提升。水库建设的趋势是由干流深入到支流，由注重数量变为注重库容，由小库容变为大库容，由易建造的土坝变为筑坝难度高的其他坝型。这些水库特征以及变化符合我国筑坝技术发展的规律，也反映了岷江流域水利开发的变化过程，即由少到多、由粗到精，开发力度不断加大，开发技术不断进步。

5.3.3 岷江水沙输运特征变化及分析

5.3.3.1 输沙量与径流量的年际变化

根据高场站 1953—2017 年的水文泥沙资料，绘制来水来沙过程线（图 5.17）。从图 5.17 可以看出，岷江径流量总体呈下降趋势，变化不明显。年际径流量大多为 700 亿～1000 亿 m³，多年平均值为 841.8 亿 m³，近十年平均值为 783 亿 m³。年最高径流量出现在 1954 年（1089 亿 m³），年最低径流量出现在 2006 年（635.2 亿 m³），最高年径流量是最低年径流量的 1.71 倍。年际输沙量变化明显，整体呈显著下降趋势。年际输沙量大多在 0.16 亿～0.8 亿 t 之间，多年平均值为 0.428 亿 t，近十年平均值为 0.165 亿 t；其中 2015 年最少（0.048 亿 t），1966 年最多（1.22 亿 t），相差 1.172 亿 t，最高年输沙量是最低年输沙量的 25.4 倍。

通常来说，在大的时间尺度上，径流变化主要受气候变化影响，人类活动主要对径流的年内分布产生一定的影响，但近些年来随着上游大型水利工程的修建以及用水需求的增加，人类活动对年径流量的影响也在增大。岷江年径流量变化特点与众多学者的研究成果相类似，但减少的具体情况略有不同。夏军和王渺林（2008）对 1950—2006 年岷江径流趋势的分析显示，岷江流域径流呈显著减小趋势，人类活动对其贡献率接近一半，预计今后这一趋势会加强。然而 2006 年后岷江年径流量开始增加，之后年份的径流量均大于 2006 年，但与总体相比仍为减小趋势。

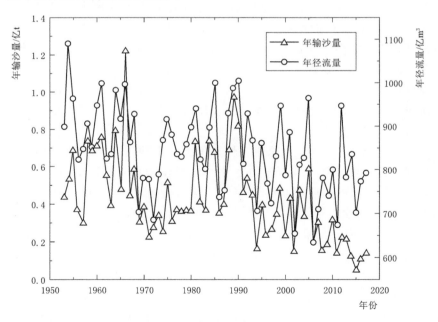

图 5.17 高场站年输沙和年径流过程线

径流量的变化对输沙量也有一定的影响，武旭同等（2016）用近 60 年的数据分析长江水沙特征，指出长江年径流量和年输沙量存在一定的相关关系，但受水利工程建设等人类活动的影响，相关关系不断变化。为进一步探究其中的关系，本研究根据高场站水文泥沙资料点绘出岷江高场站径流量-输沙量双累积曲线（图 5.18）。如果岷江流域水沙特性发生变化，在双累积曲线上将表现出明显的转折，即累积曲线斜率发生变化。岷江高场站径流量-输沙量双累积曲线在总体平均线出现左右波动，但 1993 年后曲线斜率一直在减小，说明输沙量减少较为明显。近十年减少趋势愈加明显。

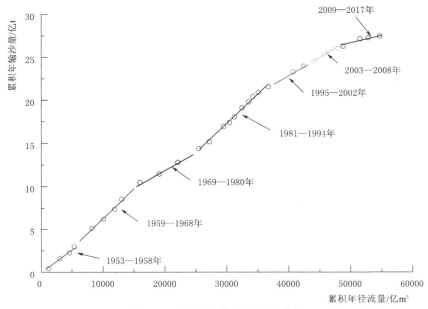

图 5.18　径流量-输沙量累积曲线

从 1953—2017 年，岷江高场站河段发生了 5 次显著变化，有时增多，有时减少。岷江流域输沙量发生了数次旋回式变化，这种变化体现了岷江水沙系统对人类活动的复杂响应。岷江流域的这 5 次变化分别发生在 1958 年、1968 年、1980 年、1994 年和 2002 年，输沙量变化不一。水库建设是造成这种复杂变化的重要原因之一。1958 年第一次显著变化，拟合直线向左倾斜，斜率变大，由于年代久远，资料短缺，无法具体分析。1968 年，第二次显著变化，拟合直线向右倾斜，斜率变小，输沙量的下降与 1967 年龚嘴水库的建成运行和开始拦沙有关。1980 年，第三次显著变化，拟合直线向左倾斜，斜率变大，龚嘴水库运行以来，不断淤积，达到淤积平衡后，1980 年水库除沙，增加了输沙量。1994年，第四次显著变化，拟合直线向右倾斜，斜率变小，铜街子水库建成蓄水是这种变化的重要原因。2002 年，第五次显著变化，拟合直线略微向左倾斜，斜率变大，紫坪铺大坝和瀑布沟大坝电站等大量梯级水库的建设所带来的工程影响，直接导致了这种变化。2008年，第六次显著变化，拟合直线向右倾斜，斜率变小，与 2006 年建成的紫坪铺水库、冶勒水利枢纽以及 2008 年建成的瓦屋山电站、硗碛电站、龙头石电站等水库运行有关。

5.3.3.2　输沙量与径流量的年内变化

根据高场站水文泥沙资料，绘制各年代径流量、输沙量逐月平均过程线，见图 5.19。由图 5.19 可知，岷江流域径流和输沙主要集中在汛期，汛期 5—10 月径流量、输沙量分别占全年的79%和98%以上，主汛期7—9月径流量、输沙量分别占全年的60%和79%以上。从不同年代来看，流域主汛期径流量、输沙量出现坦化现象，即峰值总体呈现减少趋势，尤以输沙量更为明显，径流量的减少不是很明显，但整体仍有微弱的减少趋势。以各年代平均月径流量来看，汛期6—10月平均月径流量总体呈减小趋势，最高值出现在20世纪60年代（195亿 m³），最低值出现在21世纪前10年（142亿 m³）；枯季11月至次年5月平均月径流量未见明显变化趋势，与部分学者曾预测径流年内汛期减小、枯期增大略有差别，这可能与岷江流域经济社会迅速发展、枯季用水量增大有关。与径流变化相对的，近期输沙量的减少尤为突出，21世纪前10年主汛期输沙量的平均值仅相当于20世纪70年代和90年代同期的70%，50年代同期的57%，不足80年代同期的50%，不足60年代的40%。这主要是岷江流域梯级水库陆续建设投运的影响，水库的调控能力和拦沙作用不断增强。

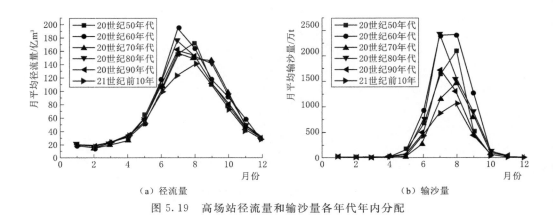

图5.19　高场站径流量和输沙量各年代年内分配

由于枯季输沙量占全年输沙量的比例太小，虽然各年代汛期输沙量变化很大，但其占全年的比例依然保持稳定，即汛期输沙量占比稳定在全年的99%左右，主汛期稳定在80%左右。

5.3.3.3　水库建设对泥沙输移影响

为论证两者之间的关系，引入流域水库调控系数的概念：流域水库调控系数定义为流域某年兴建水库的累积库容与流域控制水文站该年度径流量的比值，也有学者称为实际径流调节系数。点绘年输沙量与流域水库调控系数的关系，如图5.20所示，可知：高场站年输沙量与岷江流域水库调控系数1953—2004年、2005—2017年的决定性系数分别为0.112和0.408，也就是说两者在2004年以前没有良好的对应关系。有学者研究表明，这个阶段，降雨变化可能在岷江流域年输沙量阶段性变化中的贡献率较大；但从2005年至今，决定性系数 R^2 开始增大，意味着年输沙量和流域水库调控系数两者相关性开始增强。这可能与岷江的开发程度有关，岷江相较于长江其他支流，开发时间略晚，开发程度较低。截至2017年，岷江水库库容仍为长江主要支流中最小的，开发程度相对较轻，2004年库容累计21.79亿 m³，不足2017年的1/6，水库调控作用不显著；2005年后，岷江流域水库库容明显提升，对年输沙量的影响越来越大。

由于汛期输沙量占全年输沙量的比例较大，所以可以点绘各年代汛期输沙量占比平均值与各年代流域水库调控系数平均值关系曲线来探究二者之间的关系（图 5.21）。从图中我们可以看到两者呈现出较好的相关关系，决定性系数 R^2 为 0.901，即随着流域水库调控系数的增大，汛期输沙量开始减小，汛期水库开始发挥调控作用，对输沙的影响增强，成了减沙的主要因素，起到了主导作用，故呈现出较强的相关性。

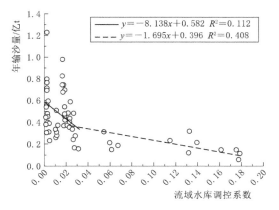

图 5.20　流域水库调控系数与年输沙量关系图　　图 5.21　流域水库调控系数与主汛期输沙量关系图

因此，近期高场年输沙量变化与岷江水库建设有着一定的负相关关系。预计，这种相关性随着岷江流域水库总库容的进一步增大而增强，且在汛期体现得更为明显。

5.4　小结

本章选择了金沙江流域、嘉陵江流域和岷江流域作为典型流域，解析了其输沙变化过程和影响机理。

金沙江流域很长时间内一直都是长江上游来沙占比第一的水系，但是近几年受到大型梯级水库运行拦沙的影响，来沙量已经减少为长江上游各个主要水系中来沙最小的。从水库减沙效应的年际变化来看，1956—1990 年、1991—2005 年、2006—2015 年水库拦沙对屏山站的减沙权重分别为 0.3%、48% 和 83%，水库拦沙作用逐步增强。从水库减沙效应的空间变化来看，1991—2005 年，对屏山站减沙造成影响的水库主要分布在雅砻江流域；2006—2015 年，对屏山站减沙造成影响的水库主要分布在金沙江中下游干流，2011 年以后其拦沙引起屏山站同期年均输沙量的减少权重在 90% 以上。

嘉陵江流域目前是长江上游各水系中来沙量占比最大者。1954—2015 年间，北碚站径流量呈一定的减小趋势，但整体变幅较小，其输沙量则呈较为明显的减少趋势。1954—2015 年，降水对于流域输沙量的贡献率逐步降低，人类活动成为流域输沙量减少的主要驱动力。人类活动中，在 1964—1990 年间水利拦沙在人类活动中占主导地位，占比57.6%；在 1991—2005 年间，土地利用在北碚站减沙中比例升至 66.5%；2006 年以来人类活动对减沙贡献率达 87.5%，水利工程特别是水库对流域产沙和输沙有长期的巨大影响，其在人类活动中占主导地位，占比 75.7%。长期来看，嘉陵江北碚站来沙减小的趋势仍将持续，同时特大洪水及地震等相关自然灾害对流域径流、地面侵蚀、中小水库冲淤及河道输沙的影响不容忽视，当遇到上述特大自然灾害时，可能会出现之前赋存在坡面和库内的泥沙冲刷下泄，造成下游沙量剧增。

岷江流域是长江上游支流中除金沙江外径流量第一大的，相比其他支流，其来沙量减小幅度不大，目前来沙量在长江上游各水系中排第二，仅次于嘉陵江。岷江流域近期年输沙的变化与岷江流域水库调控系数呈负相关关系，但因为人类活动的复杂性和岷江流域开发程度较低，2004 年以后这种相关性才逐渐显现出来。预计这种相关性随着岷江流域水库库容的进一步增大而增强，且在汛期体现得更为明显。

第6章 输沙影响机制及三峡入库沙量预测分析

6.1 输沙模数尺度效应

6.1.1 上游输沙模数整体尺度效应

点绘长江上游各流域输沙模数与流域面积关系（图 6.1），可以看到输沙模数在同样的流域面积上变化范围很大，同时可以注意到输沙模数有随流域面积减小的总趋势。如删除一奇异点，即金沙江的一条小支流金汁河，做二者的回归关系分析，可以发现二者的幂函数关系在 0.04 水平上显著，这一关系符合流域输沙模数 Sy 随流域面积减小的一般规律。

$$Sy = 703A^{-0.0634} \quad (r = 0.126; n = 266) \tag{6.1}$$

式中：Sy 为输沙模数，$t/(km^2 \cdot a)$；A 为流域面积，km^2；r 为相关系数；n 为样本数。

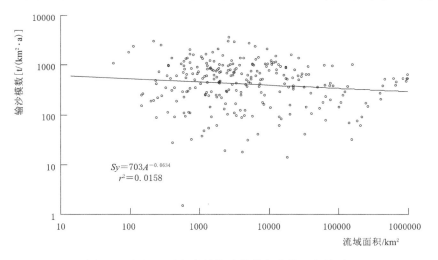

图 6.1 长江上游各流域输沙模数与流域面积关系

为了弄清输沙模数 Sy 随流域面积 A 减小的深层原因，分析了降雨侵蚀力因子 R、覆盖与管理因子 C、土壤可蚀性因子 K、地形因子 LS、水土保持措施因子 P 随流域面积的变化，以及 Sy 与 R、C、K、LS、P 以及 A 的综合关系（表 6.1）。在影响产沙的 5 个因子中，R 和 K 有随 A 增大而减小的趋势，C 以及 LS 变化趋势不明显，P 则有随 A 增大而增大的趋势。比较输沙模数 Sy 分别与 R、K、P 的关系中指数，可以推论出降雨侵蚀力因子和土壤可蚀性因子随流域面积变化的趋势将引起输沙模数随流域面积增加而减小。

分析结果表明，在输沙模数 S_y 与 R、C、K、LS、P 以及流域面积的幂函数回归关系中，与上述一元回归关系不同，输沙模数与流域面积之间变成了正相关关系。

对比各影响产沙因子和输沙模数随流域面积的关系，可以看出长江上游输沙模数随流域面积减小主要是由于降雨侵蚀力因子和土壤可蚀性因子随流域面积增大而减小的结果，而不是像其他流域那样，即随着流域面积的增加和地形起伏的减小，输沙模数逐渐降低。输沙模数与 R、C、K、LS、P 以及流域面积的幂函数回归关系揭示出，长江上游小流域中比在大流域中泥沙沉积的机会可能要大，泥沙在河道输移过程中的沉积作用也不是输沙模数随流域面积减小的主要原因。

表 6.1　　　　　　　长江上游输沙模数及产沙因子与流域面积的关系

回　归　关　系	相关系数	显著水平	备　注
$S_y = 674A^{-0.0590}$	0.116	0.0579	样本数 266 个，舍去了奇异点力必甸河（普栅站）、金汁河［松华坝（二）站］
$R = 276A^{-0.0376}$	0.250	$3.75E^{-5}$	
$C = 0.101A^{0.00604}$	0.00268	0.965	
$K = 0.269A^{-0.120}$	0.322	$8.16E^{-8}$	
$LS = 3.36A^{0.0186}$	0.0552	0.369	
$P = 0.509A^{0.0320}$	0.254	$2.79E^{-5}$	
$S_y = 0.417A^{0.0541}R^{1.43}C^{0.273}K^{0.597}LS^{0.636}$	0.685	$5.58E^{-34}$	

注　符号意义同上；流域面积关系以及输沙模数与产沙因子及流域面积关系为向后回归关系。

在综合关系中，R、C、K、LS、P 这 5 个参数代表影响坡面产沙的因子，作为影响流域出口输沙量的泥沙沉积量，主要由流域面积间接反映。那么，随着流域面积的增大，输沙模数增加，可能揭示出在产沙相同的条件下小流域比大流域中单位面积泥沙沉积量或沉积模数更大，反映出上游输沙近源沉积的特征。这种现象的部分原因可能是相对集中修建在中小支流的水库拦沙作用。以长江上游主要产沙区之一的嘉陵江为例，大中小水库的集水面积集中在 10^1、10^2、和 10^4km^2 上下（表 6.2）。这样，部分中小支流上水库的拦沙作用就使得中小流域的输沙模数总体比大流域的输沙模数小。图 6.2 为长江上游滑动平均输沙模数随流域面积变化情况。

表 6.2　　　　　　　嘉陵江流域已建水库群统计（据陈显维，1992）

类型	库容/万 m³	座数	集水面积/km²	平均集水面积/km²	总库容/万 m³	备　注
大	＞10000	3	27777	9259	215000	
中	1000～10000	48	6550.8	136.48	136765	
小（1）	100～1000	450	5794.05	12.88	100869	甘肃省未统计在内
小（2）	10～100	4037			104836	甘肃省未统计在内

从图 6.2 中输沙模数的滑动平均值看，随流域面积增大，长江上游输沙模数总的降低趋势主要发生在 $10^4 \sim 10^5 \text{ km}^2$ 之间，平均降低了一半多。将上游的流域按流域面积范围划分为 $10^1 \sim 10^3 \text{km}^2$，$10^3 \sim 10^4 \text{km}^2$，$10^4 \sim 1.58 \times 10^5 \text{km}^2$，和 $1.58 \times 10^5 \sim 10^6 \text{km}^2$ 四部分，其中界限 $1.58 \times 10^5 \text{km}^2$ 是支流的最大流域面积。建立四部分的输沙模数与产沙因子以及流域面积的幂函数关系，得到的结果是：在 $10^1 \sim 10^3 \text{km}^2$，$10^3 \sim 10^4 \text{km}^2$ 和 $1.58 \times 10^5 \sim$

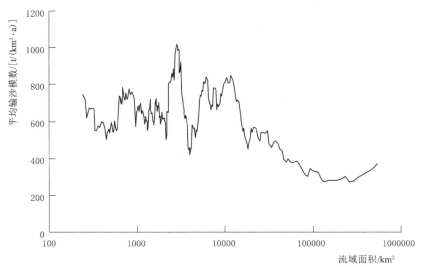

图 6.2 长江上游滑动（20 步）平均输沙模数随流域面积变化情况

$10^6 \, \text{km}^2$ 范围内，虽然输沙模数与流域面积成正比，但显著水平在 0.5 以上，只有在 $10^4 \sim 1.58 \times 10^5 \, \text{km}^2$ 范围内、在显著水平 0.053 上，输沙模数与流域面积成反比。

$$S_y = 17.4 A^{-0.143} R^{1.15} K^{0.792} LS^{0.405} \qquad (r = 0.909; \ n = 64) \qquad (6.2)$$

流域面积从 $10^4 \, \text{km}^2$ 变化到 $1.58 \times 10^5 \, \text{km}^2$ 对应于支流的下游，在这些地区，岷江、沱江、嘉陵江流经四川盆地，其他支流下游穿过相对平坦宽阔的河谷，因此容易发生泥沙堆积。从流域面积的指数可以大致得到，在 $10^4 \sim 1.58 \times 10^5 \, \text{km}^2$ 跨度，由于泥沙淤积，输沙模数降低了大约 33%。

6.1.2 主要支流输沙模数尺度效应

基于同样的分析方法，分析建立了各支流输沙模数以及产沙因子与流域面积的关系和输沙模数与各产沙因子以及流域面积的关系（表 6.3）。其中，金沙江与整个上游类似，也表现为输沙模数随流域面积的增大而减小，而且 5 个影响产沙的因子中也只有降雨侵蚀力和土壤可蚀性因子随流域面积增大而减小，即这两个因子随流域面积的变化是输沙模数随流域面积增大而减小的原因。输沙模数与各影响产沙的因子以及流域面积的关系中同样显示出输沙模数与流域面积正相关，揭示出小流域相对大流域有更大的泥沙沉积模数。

表 6.3　　　　　　　主要支流流域输沙模数及产沙因子与流域面积的关系

支流或区间	回　归　关　系	相关系数	显著水平	备　　注
金沙江	$S_y = 1355 A^{-0.177}$	0.324	0.0038	样本数 78 个，舍去了奇异点沱沱河（沱沱河站）、力必甸河（普栅站）、金汁河［松华坝（二）站］
	$R = 417 A^{-0.087}$	0.589	$1.4E^{-8}$	
	$C = 0.0581 A^{0.051}$	0.303	0.0071	
	$K = 0.343 A^{-0.174}$	0.586	$1.78E^{-8}$	
	$LS = 4.18 A^{-0.015}$	0.069	0.546	
	$P = 0.536 A^{0.038}$	0.471	$1.34E^{-5}$	
	$S_y = 10^{-4.26} A^{0.108} R^{3.56} C^{0.853} K^{0.594} P^{2.20}$	0.782	$1.34E^{-13}$	

支流或区间	回　归　关　系	相关系数	显著水平	备　注
岷沱江	$S_y = 1552A^{-0.164}$	0.357	0.00868	样本数 53 个，舍去了奇异点天全河（天全站）、梭磨河（刷金寺站）、折多河［康定（四）站］及越西河（李家桥站）
	$R = 335A^{-0.047}$	0.329	0.0162	
	$C = 0.064A^{0.0382}$	0.174	0.214	
	$K = 0.188A^{-0.152}$	0.321	0.0191	
	$LS = 7.06A^{-0.027}$	0.056	0.691	
	$P = 0.586A^{0.033}$	0.223	0.109	
	$S_y = 10^{-2.81}R^{2.29}K^{0.224}LS^{0.389}$	0.835	$9.15E^{-13}$	
嘉陵江	$S_y = 173A^{0.152}$	0.272	0.0226	样本数 70 个
	$R = 179A^{0.0033}$	0.017	0.892	
	$C = 0.281A^{-0.105}$	0.265	0.0269	
	$K = 0.296A^{-0.0538}$	0.206	0.0871	
	$LS = 1.77A^{0.106}$	0.220	0.0673	
	$P = 0.443A^{0.0356}$	0.213	0.0765	
	$S_y = 20.3A^{0.115}R^{0.824}C^{0.864}LS^{0.613}P^{1.69}$	0.571	$9.47E^{-5}$	
乌江～赤水河～横江	$S_y = 214A^{0.0773}$	0.128	0.478	样本数 33 个，其中乌江流域有 22 个
	$R = 197A^{0.00688}$	0.078	0.665	
	$C = 0.109A^{0.00533}$	0.0244	0.893	
	$K = 0.108A^{-0.00049}$	0.0031	0.986	
	$LS = 0.706A^{0.149}$	0.399	0.0213	
	$P = 0.473A^{0.025}$	0.311	0.0777	
	$S_y = 10^{-7.22}R^{2.80}K^{-2.13}LS^{0.925}P^{-3.94}$	0.852	$1.48E^{-7}$	

注　符号意义同上；流域面积关系以及输沙模数与产沙因子及流域面积关系为向后回归关系。

岷沱江流域也是只有降雨侵蚀力和土壤可蚀性因子随流域面积增大而减小，与输沙模数随流域面积变化的趋势相同。地形因子虽然与流域面积成负相关，但相关关系不显著。在输沙模数与产沙因子和流域面积关系中，与整个上游不同，输沙模数不再随流域面积增加而增大，而呈不显著的负相关，这可能与两江进入四川盆地后发生淤积有关。

嘉陵江流域输沙模数与流域面积的单因子回归关系表现为正相关。在这个流域，降雨侵蚀力和土壤可蚀性因子不再是决定输沙模数与流域面积关系的主要因素，而变成了地形因子和水土保持措施因子，只有这两个因子在显著水平 0.1 上与流域面积呈正相关。同时，在输沙模数与各影响产沙的因子以及流域面积的关系中，输沙模数也是随流域面积增加而增大的，其中的部分原因已在上面提及。

乌江～赤水河～横江流域输沙模数与流域面积的回归关系不显著。在输沙模数与各影响产沙的因子以及流域面积的回归关系中甚至出现土壤可蚀性因子及水土保持措施因子与输沙模数呈负相关。这些现象可能与这些流域中水库相对较大拦沙量对自然规律的干扰作用有关，如作为主要样本来源的乌江流域，其年水库拦沙量达 2318 万 t/a，占流域出口站年输沙量 3170 万 t/a 的 73%（石国钰 等，1992），使得自然要素间的关系变得很复杂。

6.1.3　泥沙输移比的尺度效应

各流域的多年输沙模数与侵蚀模数之比就是流域的泥沙输移比。从泥沙输移比的含义来看，泥沙输移比随流域面积的变化反映了泥沙在流域搬运过程中沿程相对沉积的多少，对探讨流域泥沙输移特征、分析流域侵蚀产沙对外界干扰的响应有着更明确的意义。不过，由于大范围流域侵蚀模数通常很难准确观测或估计，所以其研究难度较大。由通用土壤流失方程，利用上面计算得到的方程中各因子栅格图，计算出长江上游每年的侵蚀模数。不同于黄土高原，长江上游除嘉陵江上游分布黄土外，其余地区土层较薄，一般小于 0.5m（张信宝和柴宗新，1996），土壤侵蚀主要发生于坡面，因此由通用土壤流失方程估计的侵蚀模数有较高的可信度。

从各年的侵蚀模数栅格图，用各水文站以上流域范围划区求平均值，得到各流域的年侵蚀模数，将各水文站有实测输沙量年份的侵蚀模数平均得到各水文站以上对应于实测输沙模数的流域多年平均侵蚀模数，二者之比即为各流域多年平均泥沙输移比。点绘泥沙输移比与流域面积的关系如图 6.3。

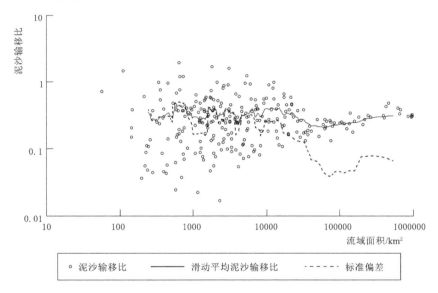

图 6.3　长江上游泥沙输移比（及 20 步滑动平均值
和标准偏差）与流域面积的关系

从图 6.3 可以看出以下几点特征：

（1）泥沙输移比在流域面积小于 $4 \times 10^4 \text{km}^2$ 左右的流域变化幅度比较大，而且变幅基本上随着流域面积的增大由大变小。

（2）泥沙输移比的滑动平均值显示，从 10^2km^2 至 $1.5 \times 10^4 \text{km}^2$ 流域面积范围内，泥沙输移比总的变化趋势不十分明显，之后至 $6 \times 10^4 \text{km}^2$，随流域面积的增加有一个明显的降低过程，$6 \times 10^4 \text{km}^2$ 以后虽有所抬升，但一直到 $16 \times 10^4 \text{km}^2$ 都保持相对较低的水平。

这一变化过程印证了上述分析输沙模数变化的原因。其后，泥沙输移比随流域面积进一步增加而增大，与金沙江下游以及宜宾以下，特别是金沙江下游沿岸短小支流泥沙输移比较高有关。

（3）长江上游平均泥沙输移比约 31%，即有约 69% 泥沙沉积在上游。

根据上述分析，可以推断出其中一部分堆积在了较大支流的下游，按上述估计的输沙模数降低程度，这部分大约占 15%，更大部分堆积在了中小支流，以坡积物和冲积物形式沉积在包括坡脚、沟道、局部的坑洼或小的沉积盆地，以及散布的湖泊和人工水库中。由于在不同流域这些泥沙堆积区多少、大小和分布位置有着较大的变化，因此泥沙输移比变化很大。随着流域面积增大，在具有不同泥沙侵蚀和输移沉积特征的流域的合并中，流域泥沙输移比趋向稳定。

6.2　水库拦沙率影响因素试验研究

6.2.1　试验背景

水库拦蓄河流水体，改变了原有河流天然自流特征，水库蓄水运用时由于坝前水位抬高，水流流速减缓，挟沙能力下降，使得大量泥沙落淤库区，危害了水库功能的发挥。随着水库运行时间的增长，水库泥沙淤积逐渐成为影响甚至决定水库效益最重要的因素。中国是世界上水库数量最多的国家，建有水库约 10 万座，总库容约 9400 亿 m^3，为我国以仅占世界 6% 的可利用水资源养活占全球 22% 的人口提供了重要保障，在减轻洪涝灾害、维系区域生态平衡、保障区域供水和生物资源利用等方面发挥着不可替代的重要功能。据不完全统计，每年由于泥沙淤积造成的全球水库总库容损失为 0.5%～1.0%，相当于约 500 亿 m^3 的库容。而我国的年平均库容损失率约 1.5%，高于世界平均水平。大量泥沙淤积侵占了水库库容，直接影响了水库供水、发电效益的发挥，水库泥沙淤积还会导致上游支流水位抬升，加大区域防洪压力；水库下游清水下泄造成河道冲刷和变形，以及由于河床变形导致的航道稳定、枢纽安全、堤防安全等问题。近年来全球气候变化导致极端气候概率加大，干旱和洪涝灾害问题日趋尖锐，水库库容用以保障供水和抵御洪水的需求越来越强烈，而可供建设水库的新坝址则几近枯竭。因此，已建水库的库容长期保持和可持续利用、已淤损库容的有效恢复已成为解决水资源短缺的一种重要途径，也是当前关注的热点问题。

本研究统计了长江上游 14729 座水库的库容（C）与平均径流量（I）的比值，得到分布结果如表 6.4 所示。从表 6.4 中可以看到，统计的长江上游大（1）、大（2）型水库一共 97 座，C/I 范围主要集中在 0.01～1 范围，占总数的 78.4%，其中 C/I 在 0.01～0.1 范围的有 39 座，0.1～1 范围的有 37 座；中型水库 C/I 范围主要在 0.1～10，其中 0.1～1 范围占比最高，为 42.3%，1～10 范围占比其次，为 28.8%；小型水库 C/I 范围也主要在 0.1～10 之间，与中型水库相同，小（1）和小（2）型水库在该区间数量占总数量比例依次为 90.2% 和 94.9%。总的来看，所有水库 C/I 占比数量最高的是 0.1～1 范围，比例为 57.2%，其次为 1～10 范围，占比 35.9%。

表 6.4 长江上游不同类型水库库容（C）与平均径流量（I）比值分布统计

水库类型	C/I					
	<0.001	$0.001\sim0.01$	$0.01\sim0.1$	$0.1\sim1$	$1\sim10$	$\geqslant10$
大型	0	6	39	37	10	5
中型	1	47	76	201	137	13
小（1）型	20	83	108	1218	924	21
小（2）型	65	60	454	6970	4210	24
合计	86	196	677	8426	5281	63

由于实际水库数量巨大，并且水库特征以及水沙条件等存在差异，无法对大量水库逐一进行观测研究。因此，本研究采用室内水槽模型试验，研究不同来水来沙条件对水库拦沙率的影响，从而帮助加深对实际水库淤积规律的理解与认识。

6.2.2 研究方法

6.2.2.1 拦沙率估算方法

本研究将利用拦沙率的估算方法对水库拦沙淤积影响进行研究。拦沙率 TE 是沉积在库区的泥沙占入库泥沙的百分比，即

$$TE = \frac{S_{in} - S_{out}}{S_{in}} = \frac{S_{deposit}}{S_{in}} \tag{6.3}$$

式中：S_{in} 为入库泥沙质量；S_{out} 为出库泥沙质量；$S_{deposit}$ 为淤积在库区的泥沙质量。

式（6.3）为水库拦沙率的理论计算式，然而实际水库拦沙受到诸多因素的影响，针对不同水库的特点，研究者采用很多不同类型的拦沙率经验计算式对水库淤积和拦沙进行计算，主要有 Brune（1953）方法，Gill（1979）方法和 Heinemann（1981）方法。

（1）Brune（1953）方法：

$$T_e = 100 \times 0.97^{0.19\lg(C/I)} \tag{6.4}$$

（2）Gill（1979）方法：

$$T_e = \frac{100 \times (C/I)^2}{0.994701(C/I)^2 + 0.006297(C/I) + 0.3 \times 10^{-5}} \tag{6.5}$$

（2）Heinemann（1981）方法：

$$T_e = -22 + \frac{119.6(C/I)}{0.012 + 1.02C/I} \tag{6.6}$$

式中：T_e 为水库淤积率；C 为库容；I 为径流量。

6.2.2.2 实验设计

为了定量化研究水库淤积率影响因素，设计了一个水槽并开展相关试验。试验水槽长宽高分别为：$4m \times 0.5m \times 0.45m$，水槽底面坡度 2%（图 6.4）。

入水口在水槽的一端顶部，是本次试验唯一入水口，通过可调节流量阀门控制进口流量大小。入水口处通过管道与搅拌池相连，搅拌池为圆筒状，直径 3m，深度为 3.5m，搅拌池内为试验使用的一定浓度模型沙浑水。在水槽中距离入水口 3m 和 4m 处各设置一个模拟大坝，分别为 T1 和 T2，模拟坝的溢洪道均位于顶部中间位置（图 6.5 和图 6.6）。T1 坝高 0.45m，溢洪道宽度和高度分别为 0.3m 和 0.1m。T2 坝高 0.35m，溢洪道宽度

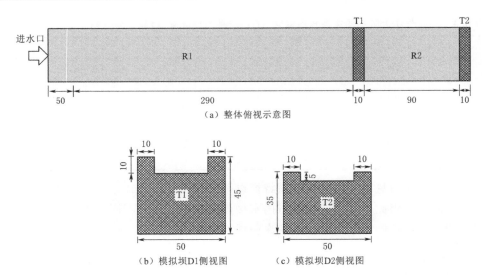

（a）整体俯视示意图

（b）模拟坝D1侧视图　　　（c）模拟坝D2侧视图

图 6.4　试验水槽（单位：cm）

和高度分别为 0.3m 和 0.05m。因此，试验水槽模拟了包含两个坝的梯级水库 R1 和 R2。由于模拟坝存在一定宽度（均为 0.1m），两个模拟水库的实际长度分别为 2.9m 和 0.9m，二者对应总库容分别为 0.653m³ 和 0.201m³。

图 6.5　试验水槽实物图

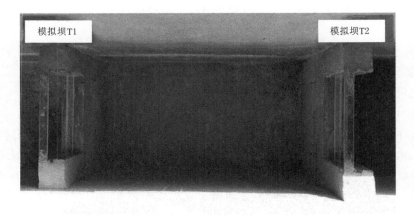

图 6.6　试验水槽两模拟坝之间细节图

水槽试验分别采用蓝色塑料模型沙（图 6.7）和天然沙。其中模型沙为非均匀沙，比重为 1.38，最大粒径小于 0.3mm，中值粒径 D_{50} 为 0.036mm，D_{90} 和 D_{10} 分别为 0.087mm 和 0.011mm，模型沙级配组成如图 6.7（b）所示。天然沙采集自武汉市汉口长江岸滩附近，中值粒径约为 0.080mm。

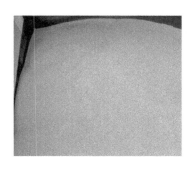

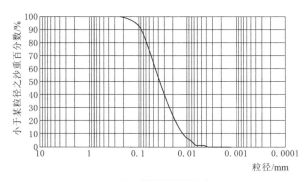

（a）塑料模型沙 　　　　　　　　　　（b）模型沙级配组成

图 6.7　试验模型沙及其级配

6.2.2.3　观测仪器

实验研究利用二维地形测量系统（ABF2-3）对模型水槽中泥沙淤积情况进行测量。ABF2-3 地形测量系统由二维自动地形仪和地形仪测桥组成（图 6.8）。测桥对断面进行定位，地形仪对断面垂线实现定位、垂线水深及淤积厚度的测量。二者配合完成模型水槽

图 6.8　二维地形测量系统

内多个断面的地形测量，断面定位按照预先确定的 S1～S16，通过人工移动地形测桥完成。16 个观测断面位置布置如图 6.9 所示，每个断面的地形测量过程为自动。

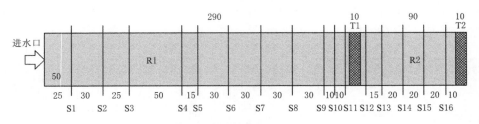

图 6.9　水槽观测断面布置图（单位：cm）

ABF2-3 二维自动地形仪机械结构包括 Y 向（沿断面方向）驱动机构和 Z 向（沿垂线方向）驱动机构。Y 向采用两轮驱动结构，由一个步进电机和一套传动机构组成，由双向光电传感器测量 Y 向距离（断面起点距）。Z 向驱动机构由一个步进电机、同步带轮、张紧轮、直线轴、直线轴承、同步带、测杆及滑块组成。测杆下端固定一个电极（大地作为另一个电极），上端固定在滑块上，步进电机通过同步带轮带动测杆及滑块沿尺直线轴上下运动，根据步进电机旋转角度计算界面高程。

ABF2-3 的测杆由三部分组成：一部分固定在滑块上，称为固定段；另一部分通过固定镙丝固定在固定段上，称为滑动变长段；第三部分为固定在滑动变长段末端的传感头。松开滑动段的固定镙丝，滑动变长段可以在固定段上上下滑动，从而达到调整测杆长度的目的。滑动变长段最大拉升长度为 60～70cm。测杆结构示意图如图 6.10 所示。

测桥由两根导轨和一块底板组成，如图 6.11 所示。地形仪在两导轨上运行，电源线和通信线放置在线槽里。

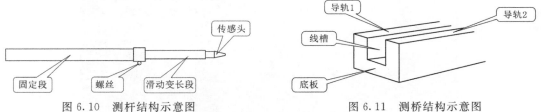

图 6.10　测杆结构示意图　　　　　图 6.11　测桥结构示意图

ABF2-3 二维自动地形仪根据空气、水、沙、洲面（无水沙面或硬床面）电阻率不同判别介质界面，由垂向电机测量高程值。在同一垂线上，空气、水和沙电阻率关系如图 6.12 所示。沙的电阻率有两种情况，视所采用的模拟沙而定，一种是电阻率比水电阻率大，如塑料沙；另一种是电阻率比水的电阻率小，如海港淤泥。

地形仪测量过程如下：测车在 ABF2-3 地形仪控制下，定位至待测垂线，ABF2-3 机内步进电机在单片机控制下，带动探针自水面以上开始向下运动，单片机不断监测电极间电阻，当电极电阻出现急剧变化时，认为电极到达界面，并记下光栅尺检出的高程，根据界面次序依次判别为水面、沙面及床面；之后单片机驱动步进电机带动电极向上运动，达到垂线最大沙面高程，至此一根垂线测量完成；重复上面过程，直至断面所有垂线测量完成。

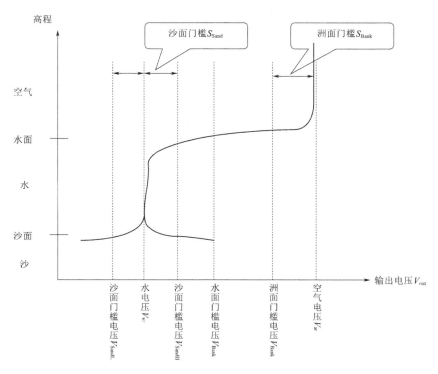

图 6.12 不同介质的电阻率关系

对于同一断面，ABF2-3 测量两次，第一次测量原始地形（称为床面），实验过程或实验完成后，地形发生变化，再测量一次地形（称为沙面），两次测量的差值即为冲淤量，这样可以尽可能地减小测桥绕度的影响。垂向测量最大范围为 1100mm，相对高程测量分辨率为 0.6mm。

6.2.2.4 试验过程

试验开始前，在搅拌池中加入清水到 2.5m 水深处，然后打开电动机开始搅拌，搅拌过程中逐渐加入一定质量的试验沙（根据试验设计含沙量确定），从而有助于水沙混合；试验沙全部加入后继续保持搅拌，持续约 40min，在水沙混合均匀后开始放水进行试验。试验水槽中预先装满清水，利用二维地形仪测定水槽原始地形数据，作为试验背景。试验开始后浑水从水槽一端的进水口通过阀门控制以固定流量排入模拟水库中，然后在水槽另一端模拟坝 T2 的溢洪道排出。模型沙一共进行了 5 组不同流量大小的试验，进水流量分别为 0.4L/s、0.8L/s、1.2L/s、1.6L/s 和 2.0L/s，每组持续时间均为 90min。每组实验过程中分别在进行到 10min、50min 和 80min 时采集进水口处水样以获取含沙量。每组试验结束后，再次利用二维地形仪测定水槽中地形，通过与原始地形对比，从而得到每组试验中水槽中淤积的模型沙总体积和分布特征。天然沙一共进行了 3 组相同流量而含沙量不同的试验，进水流量为 1.6L/s，每组持续时间均为 150min，分别在 30min、60min、90min、120min 和 150min 时使用二维地形仪测定水槽中地形，每组实验过程中分别在进行到 10min、75min 和 140min 时采集进水口处水样以获取含沙量试验（表 6.5）。

表 6.5 试 验 组 次 及 条 件

组次	试验沙种类	流量/(L/s)	持续时间/min	含沙量取样时间/min
A1	模型沙	0.4	90	10、50、80
A2	模型沙	0.8	90	10、50、80
A3	模型沙	1.2	90	10、50、80
A4	模型沙	1.6	90	10、50、80
A5	模型沙	2.0	90	10、50、80
B1	天然沙	1.6	30	10
B2	天然沙	1.6	60	—
B3	天然沙	1.6	90	75
B4	天然沙	1.6	120	—
B5	天然沙	1.6	150	140
C1	天然沙	1.6	30	10
C2	天然沙	1.6	60	—
C3	天然沙	1.6	90	75
C4	天然沙	1.6	120	—
C5	天然沙	1.6	150	140
D1	天然沙	1.6	30	10
D2	天然沙	1.6	60	—
D3	天然沙	1.6	90	75
D4	天然沙	1.6	120	—
D5	天然沙	1.6	150	140

6.2.2.5　计算方法

基于每组试验前后特征断面的地形二维观测结果，可以通过相减得到 16 个断面淤积厚度及淤积的横向分布特征，然后在 Surfer 软件中利用克里金插值的方法获取整个水槽淤积分布特征，并由此可以近似计算得到淤积总体积。Surfer 中同时采用三种方法计算体积：梯形法（Trapezoidal Rule）、辛普森法（Simpson's Rule）和辛普森 3/8 法（Simpson's 3/8 Rule），当三种方法计算结果差异小于 5% 时即认为计算结果可靠，最终体积取三者平均值。（注：Surfer 是 Golden Software 公司开发的以画三维图为主并能进行数据插值处理的软件。）

6.2.3　试验结果和讨论

6.2.3.1　模型沙试验

模型沙试验共进行了 5 组，每组持续 90min，可以得到每组试验总水量分别为 2160L、4320L、6480L、8640L 和 10800L，对应的库容流量比依次为 0.30、0.15、0.10、0.07 和 0.06。对每组试验 3 次收集的样品测得含沙量，结果显示 5 组试验 A1～A5 含沙量依次为 4.2g/L、5.2g/L、4.6g/L、3.2g/L 和 2.2g/L。表 6.6 展示了每组试验结束后测得的模拟水库中淤积体积结果，从表中可以看到，A1～A5 试验总的淤积体积呈先增大后减小的趋势，在 A3 时达到最大 4932cm³（对应流量为 1.2 L/s），淤积体积最小的为 A1 时的 1702cm³。从模拟的两个梯级分开来看，在 A1~A3 组试验中，R1 中淤积体积明显大于 R2，而随着流量达到 1.6L/s，R2 中淤积体积转变为显著超过 R1 中淤积体积。R1 淤积体积随流量增大呈先增大后减小的趋势，在 A2 时达到最大，为 3477cm³，占总淤积体积的 77.8%，在流量最大的 A5 时最小，为 441cm³，占总淤积体积的 14.1%。从 A1 到 A5 随着流量增大，R2 淤积体积从 260cm³ 增大到 2690cm³。

表 6.6　　　　　　　　　　　　　模型沙试验淤积体积统计

组次	R1 淤积体积/cm³				R2 淤积体积/cm³				总淤积体积/cm³			
	梯形法	辛普森法	辛普森3/8法	平均值	梯形法	辛普森法	辛普森3/8法	平均值	梯形法	辛普森法	辛普森3/8法	平均值
A1	1442.3	1442.2	1442.1	1442	260.0	260.1	260.1	260	1702.3	1702.3	1702.2	1702
A2	3477.1	3477.1	3476.8	3477	1005.3	1005.4	1005.6	1005	4482.3	4482.5	4482.4	4482
A3	3330.1	3330.2	3330.1	3330	1601.8	1601.7	1602.2	1602	4931.9	4931.8	4932.3	4932
A4	1157.3	1157.3	1157.3	1157	2404.0	2403.7	2404.3	2404	3561.2	3561.0	3561.6	3561
A5	441.1	441.1	441.1	441	2689.7	2689.3	2690.0	2690	3130.8	3130.4	3131.1	3131

从淤积分布情况来看（图 6.13），A1 组流量为 0.4L/s 时整体淤积并不显著，平均淤积厚度约为 0.90mm，分布也较为均匀，R1 中淤积程度稍大于 R2，两个模拟水库平均淤积厚度分别为 0.99 和 0.18mm。随着流量增大，A2 组淤积明显加大，平均淤积厚度达到 2.36mm，是 A1 的 2.7 倍，R1 中淤积程度强于 R2，淤积主要集中在两处模拟大坝前约

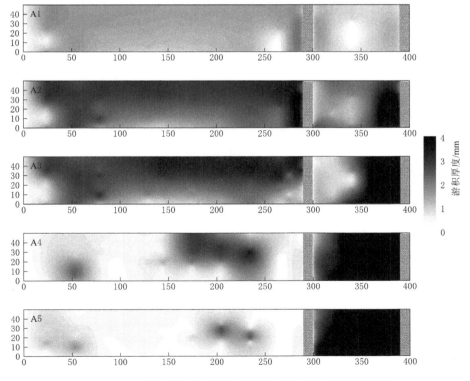

图 6.13　不同流量和含沙量模型沙试验得到的水槽淤积分布

30cm 范围内，该区域平均淤积厚度接近 4mm。当流量进一步增大到 1.2L/s（A3 组）后，总淤积量和平均淤积厚度相比 A2 增大了约 10%，T1 坝前淤积有所减小，淤积厚度 1~4mm，R1 中淤积集中在距离进水口 150~300cm 范围的左侧；T2 坝前淤积显著增大，最大淤积厚度超过 6mm，并且淤积严重范围也有所扩大，约占 R2 库区的一半。随着流量继续增大到 1.6L/s 和 2.0L/s，A4 和 A5 组试验结束后 R1 中淤积都较小，并且 T1 坝前基本没有发生淤积，而在 R2 中则淤积严重，平均淤积厚度分别为 5.3mm 和 6.0mm，A5 试验后 R2 中几乎全部区间淤积都超过 4mm。R2 的库容仅为两个梯级坝总库容的 21%，但是两组试验中 R2 中淤积体积分别占淤积总体积的 68% 和 86%。

随着流量的增大，淤积在两个模拟水库中总的淤积量先增大后减小，流量刚增大时，相同时间总输沙量增大，水库淤积量也随之增大，当流量继续增大到 1.6L/s 时，虽然输沙总量变大，但是水动力也有所增强，水流挟沙能力加强，从而使得 R1 中淤积减小，R1 中淤积量呈先增大后减少的趋势。通过模拟大坝 T1 后，水动力减弱，水流挟沙能力也减小，导致大量淤积集中在 R2 中，因此 R2 中淤积量随着流量增大而逐渐增加。

6.2.3.2　天然沙试验

天然沙试验共进行了 3 组，每组流量均为 1.6L/s，持续 150min，每组分别在 30min、60min、90min、120min 和 150min 测量一次淤积结果，不同测量时间对应总流量依次为 2880L、5760L、8640L、11520L 和 14400L，库容流量比分别是 0.22、0.11、0.07、0.06 和 0.04。对每组试验 3 次收集的样品测得含沙量，结果显示 3 组试验含沙量依次为 2.0g/L、2.5g/L 和 3.0g/L。

表 6.7 展示了每组试验结束后测得的模拟水库中淤积体积结果，从表中可以看到，含沙量为 2.0g/L 的 B 组试验中淤积总量随着放水持续时间从 30min 增大到 150min 而从 2085cm³ 增大到 4073cm³，增加了 95%，平均淤积厚度为 1.1~2.1mm，R1 中淤积总量为 3797cm³，约为 R2 中淤积总量的 13.8 倍。

表 6.7　　　　　　　　　　　　天然沙试验淤积体积统计

组次	R1 淤积体积/cm³				R2 淤积体积/cm³				总淤积体积/cm³			
	梯形法	辛普森法	辛普森 3/8 法	平均值	梯形法	辛普森法	辛普森 3/8 法	平均值	梯形法	辛普森法	辛普森 3/8 法	平均值
B1	1873.6	1873.6	1873.4	1874	211.1	211.2	211.2	211	2084.7	2084.8	2084.6	2085
B2	2484.7	2484.8	2484.7	2485	316.1	316.2	316.2	316	2800.8	2800.9	2800.8	2801
B3	2887.5	2887.6	2887.4	2887	250.1	250.3	250.2	250	3137.7	3137.9	3137.6	3138
B4	3230.9	3230.9	3230.7	3231	347.9	348.0	348.0	348	3578.7	3578.9	3578.7	3579
B5	3797.2	3797.1	3797.0	3797	275.9	276.0	276.0	276	4073.1	4073.1	4073.0	4073
C1	2361.1	2361.0	2360.9	2361	231.9	232.1	232.1	232	2593.0	2593.1	2592.9	2593
C2	3254.2	3254.2	3254.0	3254	287.5	287.7	287.7	288	3541.8	3541.9	3541.7	3542
C3	3390.0	3390.0	3389.8	3390	482.8	482.9	482.9	483	3872.8	3872.9	3872.7	3873
C4	4168.5	4168.4	4168.2	4168	422.7	422.9	422.9	423	4591.2	4591.4	4591.0	4591
C5	4494.2	4494.1	4494.2	4494	512.1	512.3	512.3	512	5006.2	5006.4	5006.4	5006
D1	2611.6	2611.6	2611.4	2612	279.3	279.5	279.5	279	2891.0	2891.1	2890.8	2891

组次	R1 淤积体积/cm³				R2 淤积体积/cm³				总淤积体积/cm³			
	梯形法	辛普森法	辛普森3/8法	平均值	梯形法	辛普森法	辛普森3/8法	平均值	梯形法	辛普森法	辛普森3/8法	平均值
D2	2686.0	2686.0	2685.8	2686	447.1	447.4	447.3	447	3133.1	3133.4	3133.1	3133
D3	3486.2	3486.2	3486.0	3486	461.0	461.2	461.2	461	3947.2	3947.4	3947.2	3947
D4	4237.1	4237.1	4236.8	4237	636.7	637.0	636.9	637	4873.8	4874.1	4873.7	4874
D5	5132.7	5132.6	5132.2	5132	714.5	714.9	714.8	715	5847.1	5847.5	5847.0	5847

含沙量为 2.5g/L 和 3.0g/L 的 C 组和 D 组试验中淤积总量随着放水持续时间的增大也是逐渐增大，增大比例分别为 93% 和 102%，平均淤积厚度分别为 1.4~2.6mm 和 1.5~3.1mm。C 组和 D 组试验得到的 R1 中淤积总量依次为 4494cm³ 和 5132cm³，分别为 R2 中淤积总量的 8.8 倍和 7.2 倍。3 组试验淤积都主要在 R1 中，B~D 组试验在 R1 中淤积体积依次占总淤积体积的 91%、90% 和 88%。

从淤积分布来看（图 6.14~图 6.16），B 组试验淤积主要集中在距离进水口 100~200cm 区间，随着试验持续时间的增长，该区间平均淤积厚度从约 1.5mm 逐渐增大到 5mm 左右，右侧淤积程度稍高于左侧，R2 中平均淤积厚度 0.06mm。C 组淤积主要集中在距离进水口 150~250cm 区间，比 B 组更接近模拟大坝 T1，该区间平均淤积厚度从约 2mm 逐渐增大到 6mm 左右，左侧淤积程度稍高于右侧，R2 中平均淤积厚度 0.09mm。D 组淤积主要集中在距离进水口 200~300cm 区间，该区间平均淤积厚度从约 2.0mm 逐渐增大到

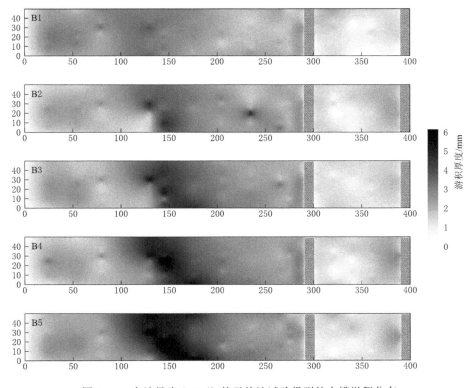

图 6.14 含沙量为 2.0g/L 的天然沙试验得到的水槽淤积分布

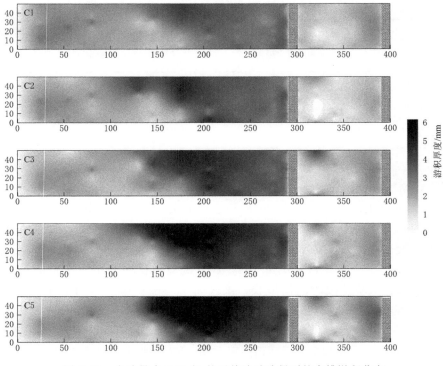

图 6.15　含沙量为 2.5g/L 的天然沙试验得到的水槽淤积分布

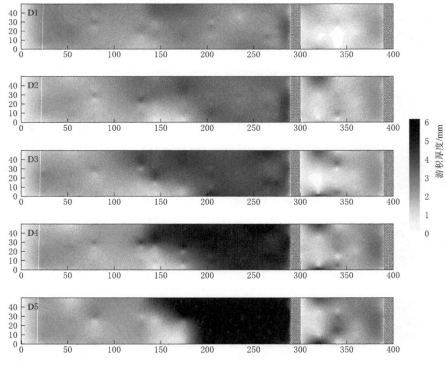

图 6.16　含沙量为 3.0g/L 的天然沙试验得到的水槽淤积分布

6mm 以上，左侧淤积程度稍高于右侧，R2 中平均淤积厚度 0.11mm。随着含沙量的增大，淤积集中区域逐渐靠近模拟大坝 T1，R2 中淤积量减少，淤积分布相对比较均匀。

随着流量持续时间的增长，淤积在两个模拟水库中总的淤积量逐渐增大，因为总输沙量随着时间的增长而加大，水库淤积量也随之增大。与模型沙试验结果不同，天然沙试验淤积主要集中在靠近入水口的 R1 中，而在 R2 中淤积较小，原因是天然沙密度约为 2.65g/cm³，是模型沙密度 1.38g/cm³ 的 1.92 倍，另外天然沙中值粒径约为模型沙的 2 倍，根据斯托克斯沉降公式，泥沙沉降速度 $\omega_s = \Delta \rho g D^2 / (18\mu)$ ［式中 $\Delta \rho$ 为有效密度（泥沙密度减去水密度），g 为重力加速度，D 为泥沙中值粒径，μ 为水体黏度］，可以得到在相同水温下本次试验采用的天然沙沉降速度约为模型沙的 17 倍，即天然沙能够比模型沙更快地沉降到模型水槽底部并发生淤积，因此天然沙的淤积更多地集中在距离入水口较近的 R1 中，而模型沙的淤积在水动力显著减弱的 R2 中较大。

6.2.3.3 拦沙率估算

对比试验得到的拦沙率（trap efficiency，TE）随库容与径流量比值（C/I）的变化过程和拦沙率计算公式［式（6.4）～式（6.6）］计算结果可以看到，试验得到的拦沙率普遍低于 Brune 方法、Gill 方法以及 Heinemann 方法计算结果（图 6.17）。其中模型沙试验中 C/I 变化范围为 0.06～0.3，对应拦沙率 TE 为 18%～28%，TE 随着 C/I 的增大呈增大趋势，但是显著小于三种计算公式得到的 70%～98% 范围。天然沙试验 C/I 变化范围为 0.04～0.22，与模型沙较为接近，其对应 TE 高于模型沙试验结果，为 35%～94%。不过天然沙试验仅在 C/I 最大（0.22，即 1.6L/s 流量持续时间 30min）时得到的 TE 与三种计算方法得到的结果较为接近，为 80%～85%；而在 C/I 较小时，试验得到的 TE 为 35%～64%，仍显著低于经验公式计算值。分析其原因，可能是由于本次试验中选择的悬沙浓度较高，对于天然沙试验，刚开始的 30min 是较高浓度浑水进入模拟水库的静水之中，水体紊动扩散能力较弱，因此悬浮泥沙会快速落淤，在较短时间里产生显著淤积；随着时间推移，试验水槽中的静水受到入水口浑水进入的影响，整体流动速度逐渐增

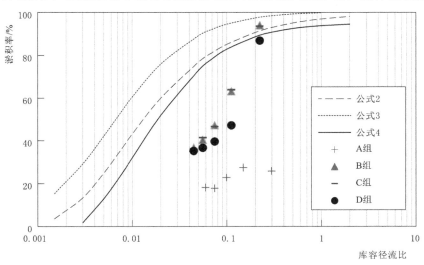

图 6.17 计算和试验得到淤积率与库容径流比对应关系

大，水体紊动强度也有所增加，因此对于悬浮泥沙的扩散悬扬作用越来越显著，泥沙淤积的速率也就显著减小，水库拦沙率自然明显降低。这种情况与自然条件下库区，特别是接近坝址区域接近静止的水体环境不符，从到导致试验得到的拦沙率结果低于经验公式计算值。对于模型沙试验，由于模型沙有效密度仅为天然沙有效密度的 23%，在相同粒径条件下模型沙沉降速度仅为天然沙的 1/5，并且其受到水体紊动扩散作用更加显著，因此模型沙相比天然沙更难沉降到水槽底部并发生淤积，导致相同 C/I 条件下模型沙试验拦沙率平均不到天然沙的一半。

比较有意思的是，在天然沙试验中，随着悬沙浓度的增大，R1 中淤积集中区域距离模拟坝 T1 的位置逐渐减小，表明水体紊动强度最弱，从而最适合泥沙淤积的区域可能随着悬沙浓度的变化而有所改变，悬沙浓度越大，该区域越靠近坝址；但目前对于其原因还没有很好的解释，需要后续做更加精细的试验和对水动力的观测来进一步解析。

6.3　输沙影响要素分析

6.3.1　水库拦沙

水库建成后，库区水位壅高，水深加大，水流流速降低，容易引起泥沙的沉降落淤。泥沙的淤积会使水库库容逐渐减少，危害水库功能的发挥，使其成为影响甚至决定水库效益最重要的因素。定量研究水库的拦沙效应是揭示水库影响的关键所在。水库拦沙成为影响三峡入库沙量变化的最主要因素，研究新水沙条件下水库拦沙率模型对于计算长江上游水库拦沙效果具有重要的现实意义（王延贵 等，2014；段炎冲 等，2015）。

针对水库拦沙作用的研究主要依照国外水库的拦沙经验公式。第一个拦沙率经验公式是由 Brown（1944）提出来的，由于 Brown 拦沙率曲线是基于水库库容 C 与集水面积 W 比率（C/W）提出的，美国陆军工程兵团（USACE）将这种方法定义为库容-集水法。1953 年，Brune 基于收集的 44 座美国水库实测资料，分析出水库拦沙率和水库库容与入库径流比（C/I）紧密相关。2005 年，Siyam et al.（2005）根据混合蓄水拦沙效应提出了其模型公式。2008 年，Jothiprakash and Garg（2008）在采用 Brune 公式和 Brown 公式估算 Gobindsagar 水库拦沙率基础上，通过回归分析总结出 Jothiprakash 经验公式。本研究采用 Brown 公式、Brune 公式、Siyam 公式、Jothiprakash 公式估算长江上游 20 座水库拦沙率，对比分析各种经验公式的估算效果，在综合考虑传统经验公式基础上提出改进的拦沙率公式，并验证其适用性和准确性。

水库拦沙率 TE 是指淤积在水库中的泥沙与同期进库的泥沙量之比：

$$TE = \frac{S_{\text{inflow}} - S_{\text{outflow}}}{S_{\text{inflow}}} = \frac{S_{\text{settled}}}{S_{\text{inflow}}} \tag{6.7}$$

式中：S_{inflow} 为入库的泥沙量；S_{outflow} 为出库的泥沙量；S_{settled} 为淤积在库区的泥沙量。

式（6.7）为水库拦沙率的理论计算式，实际水库拦沙受到诸多因素的影响，针对不同水库的特点，研究者采用不同类型的拦沙率经验公式对水库淤积和拦沙率进行计算。

（1）Brown 公式：

$$TE = 1 - \frac{1}{1 + k\frac{C}{W}} \tag{6.8}$$

式中：k 为修正系数，依据入库来沙粒径组成调整，粗沙、中沙、细沙分别取 1.0、0.1、0.046，本研究中取 $k=1.0$；C 为水库的调节库容；W 为水库的集水面积。

（2）Brune 公式：

$$TE = 1 - \frac{0.05\alpha}{\sqrt{\Delta\tau_R}} \tag{6.9}$$

其中

$$\Delta\tau_R = \frac{\sum C_j}{I} \tag{6.10}$$

式中：α 为修正系数；$\Delta\tau_R$ 为滞水系数，近似于水库调节径流系数；C_j 为第 j 级水库的调节库容，亿 m^3；I 为坝下游控制断面多年平均径流量，亿 m^3。

（3）Siyam 公式：

$$TE = e^{-\beta\frac{C}{I}} \tag{6.11}$$

式中：β 为修正系数，水库泥沙淤积参数，反映水库蓄水滞延时间差异造成的泥沙淤积程度，该参数反映的是水库各水力状况，不是一个恒量，决定于泥沙沉降速率、水库形状、面积以及电站调度等因素，其值可以通过出入库输沙量变化进行估算。

（4）Jothiprakash 公式：

$$TE = \frac{8000 - 36\left(\frac{C}{I}\right)^{-0.78}}{78.85 + \left(\frac{C}{I}\right)^{-0.78}} \tag{6.12}$$

针对不同地区的水库，拦沙率计算还有其他多种形式，主要是在 Brown 公式和 Brune 公式的基础上进行修正。

本研究采用以上 4 种拦沙率的经验公式对选择的长江上游流域内的水库拦沙淤积进行研究。选取长江上游 20 座已建成水库，其中金沙江流域 8 座（即中游的 6 座梯级水库和下游溪洛渡、向家坝水库），雅砻江流域 2 座，岷江流域 2 座（包括大渡河流域上的 1 座），嘉陵江流域 3 座，乌江流域 4 座，以及三峡水库。每座水库的特征参数如表 6.8 所示。

表 6.8　　　　　　　　　　长江上游 20 座水库特征参数

水库	集水面积 W/万 km^2	断面径流 I/亿 m^3	正常蓄水位/m	总库容/亿 m^3	调节库容 C/亿 m^3	建成年份
梨园	22	451.9	1618	8.05	1.73	2012
阿海	23.54	518.3	1504	8.85	2.38	2014
金安桥	23.74	527.7	1418	9.13	3.46	2011
龙开口	24	540.4	1298	5.58	1.13	2014

水库	集水面积 W/万 km²	断面径流 I/亿 m³	正常蓄水位/m	总库容/亿 m³	调节库容 C/亿 m³	建成年份
鲁地拉	24.73	553.1	1223	17.18	3.76	2014
观音岩	25.65	578.3	1134	22.5	5.55	2016
溪洛渡	45.44	1441	600	126.7	64.6	2013
向家坝	45.88	1460	380	51.6	9.03	2012
锦屏一级	10.26	385	1880	79.9	49.11	2015
二滩	11.64	527	1200	58	33.7	1998
紫坪铺	2.27	148	877	11.12	7.74	2006
瀑布沟	6.85	388	850	53.32	38.94	2009
碧口	2.6	86.7	704	2.17	1.46	1976
宝珠寺	2.8	90.6	588	25.5	13.4	1996
亭子口	6.26	189	458	40.62	17.32	2016
构皮滩	4.33	234	630	64.54	29.02	1995
思林	4.86	272.16	440	15.93	3.17	2003
沙沱	5.45	300.54	365	9.21	2.87	2004
彭水	6.9	416.28	293	14.56	5.18	2004
三峡	100	4510	175	450.7	165	2003

6.3.1.1　拦沙率计算

在采用以上 4 种传统经验公式计算长江上游水库拦沙效应前，本研究首先取雅砻江二滩水库拦沙作用为已知情形，率定 Brune 公式和 Siyam 公式中的修正系数，然后再用这 4 种经验公式根据各水库已有数据预算其他规模相当水库各自的拦沙情景。

二滩水电站是雅砻江梯级开发的第一座水电站，于 1991 年 9 月开工，1998 年 5 月水库开始蓄水。二滩水库控制流域面积 11.64 万 km²，水库正常蓄水位 1200m，总库容 58.0 亿 m³，调节库容 33.7 亿 m³，属季调节性水库。二滩电站上游干流的控制水文站为泸宁站，泸宁至大坝区间仅鳡鱼河一条较大的支流汇入，鳡鱼河流域面积 3040km²。二滩下游的控制水文站为小得石，水库运行后小得石站沙量大幅度减小。

根据泸宁和小得石站年输沙量资料统计，小得石站 1961—1997 年年均输沙量为 3140 万 t，1998—2000 年年均输沙量仅为 730 万 t，减幅达到 77%。二滩电站上游泸宁站 1961—1997 年年均输沙量为 2000 万 t，但 1998—2000 年年均输沙量为 6030 万 t，特别是在二滩水电站蓄水的 1998 年，其沙量达到 7490 万 t。因此，1961—1997 年泸宁至小得石（泸—小）区间多年平均来沙量为 1140 万 t。在假设 1998—2000 年泸宁至小得石区间年均沙量为 1140 万 t 的条件下，1998—2000 年二滩电站年均入库沙量为 7170 万 t，因此二滩电站年均拦沙量为 6440 万 t。同时根据 1961—1997 年小得石站与泸宁站年输沙量相关关系，可以估算 1998—2000 年泸宁至小得石区间年均沙量为 2690 万 t，特别是 1998 年区间来沙量达到 3250 万 t，因此 1998—2000 年二滩电站年均入库沙量为 8720 万 t，年均拦沙量达到 7990 万 t（表 6.9）。

表 6.9 二 滩 水 库 拦 沙 量 单位：万 t

时　段	泸宁站年输沙量	小得石站年输沙量	泸—小区间来沙量 1	泸—小区间来沙量 2	水库拦沙量 1	水库拦沙量 2
1998 年	7490	1600	1150	3250	7040	9140
1999 年	6400	350	1150	2830	7200	8880
2000 年	4200	240	1150	1990	5110	5950
1998—2000 年平均	6030	730	1150	2690	6450	7990

综上，1998—2000 年二滩水库的年平均拦沙量为 7220 万 t，坝址年平均入库沙量约为 7805 万 t，由此可知二滩水库的实测拦沙率为 92.5%。将二滩水库实测数据分别代入式（6.9）和式（6.11）中，得到修正系数 $\alpha = 0.85$，$\beta = 0.005$。

6.3.1.2 拦沙率对比分析

选取的长江上游 20 座水库的实测资料，采用上述 4 种拦沙率的经验公式进行计算，其结果如表 6.10 所示。

表 6.10 不同类型拦沙率公式的计算结果

水库	C/I	C/W	D_m/mm	ω /($\times 10^{-3}$ m/s)	Brown	Brune	Siyam	Jothiprakash	实测 TE
梨园	0.004	0.079	0.015	0.158	0.268	0.313	0.271	0.703	0.260
阿海	0.005	0.101	0.014	0.141	0.273	0.373	0.337	0.695	0.260
金安桥	0.007	0.146	0.014	0.129	0.278	0.475	0.466	0.697	0.380
龙开口	0.002	0.047	0.013	0.109	0.189	0.071	0.092	0.589	0.040
鲁地拉	0.007	0.152	0.012	0.097	0.410	0.485	0.479	0.795	0.600
观音岩	0.010	0.216	0.012	0.097	0.467	0.566	0.594	0.825	0.590
溪洛渡	0.045	1.422	0.011	0.085	0.736	0.799	0.837	0.907	0.784
向家坝	0.006	0.197	0.011	0.085	0.529	0.730	0.724	0.813	0.746
锦屏一级	0.128	4.787	0.01	0.0702	0.886	0.881	0.962	0.958	0.930
二滩	0.064	2.895	0.01	0.0702	0.833	0.832	0.925	0.924	0.925
紫坪铺	0.052	3.410	0.01	0.0702	0.830	0.814	0.909	0.895	0.800
瀑布沟	0.100	5.685	0.01	0.0702	0.886	0.866	0.951	0.937	0.900
碧口	0.017	0.562	0.009	0.0567	0.455	0.672	0.743	0.762	0.730
宝珠寺	0.148	4.786	0.009	0.0567	0.901	0.889	0.967	0.969	0.939
亭子口	0.092	2.767	0.009	0.0567	0.866	0.860	0.947	0.959	0.913
构皮滩	0.124	6.702	0.007	0.0344	0.937	0.879	0.960	0.969	0.869
思林	0.012	0.652	0.007	0.0344	0.766	0.606	0.651	0.872	0.653
沙沱	0.010	0.527	0.007	0.0344	0.628	0.565	0.592	0.793	0.540
彭水	0.012	0.751	0.007	0.0344	0.678	0.619	0.669	0.811	0.576
三峡	0.037	1.650	0.006	0.0252	0.818	0.778	0.804	0.917	0.740
平均误差					9.2%	4.88%	4.97%	18.1%	

由表 6.9 可知，4 种水库拦沙率经验公式计算的拦沙结果差异明显，其中，Brune 公式计算的拦沙率与实测拦沙率之间平均误差最小，为 4.88%；其次是 Siyam 公式，为 4.97%；Brown 公式计算结果与实测拦沙率之间平均误差为 9.2%；Jothiprakash 公式为 18.1%。

此外，Brown 公式和 Brune 公式在估算结果偏差上基本表现出一致性，比实测值同时偏大或者同时偏小。在运用 Jothiprakash 公式和修正的 Siyam 公式估算水库拦沙率时，估算结果普遍都比实测值偏大，但 Siyam 公式估算结果偏差较小，Jothiprakash 公式估算结果偏差较大。

6.3.1.3　拦沙率改进

将各座水库的库容径流比 C/I 和库容集水比 C/W 与 4 种拦沙率经验公式计算结果进行对比分析（图 6.18）可知，水库拦沙率 TE 与库容径流比 C/I 和库容集水比 C/W 密切相关，其中，Brown 公式的计算结果与 C/W 相关性最高，为 0.93；Siyam 公式的计算结果与 C/I 相关性最高，为 0.88。

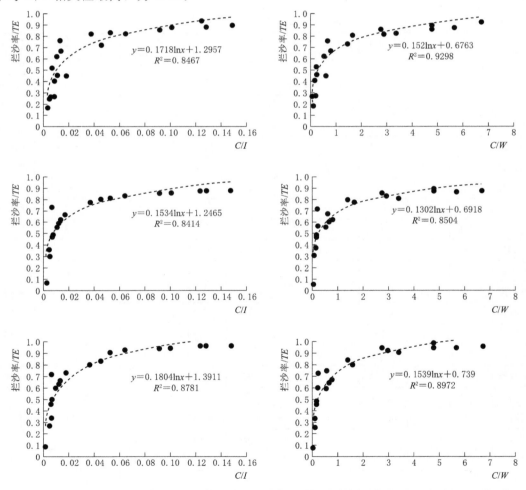

图 6.18（一）　不同水库的 C/I 和 C/W 对应的四种拦沙率计算结果

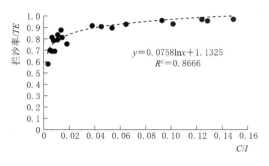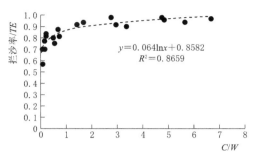

图 6.18 (二)　不同水库的 C/I 和 C/W 对应的四种拦沙率计算结果

尽管水库拦沙率与 C/I 和 C/W 都有较高的相关性，但二者描述的水库特性是不一样的，库容径流比 C/I 描述的是水库径流调节能力，而库容集水比 C/W 表现的是水库径流容纳能力，两者之间有一定的联系，但是没有相对稳定的相关关系。

水库拦沙效率是评价大坝使用寿命的一个关键参数，通常由几个参数决定，如入库泥沙粒径大小和分布、泥沙沉速、上游来水的时间和流速、水库大小和形状、出水结构的时间和排水调度方式等。泥沙粒径通过影响泥沙沉速进而对泥沙的淤积产生作用，而泥沙沉速是决定泥沙沉降淤积最直接的因子。但目前相关研究对于泥沙粒径和泥沙沉速的考虑尚不充分，影响水库拦沙计算效果，不利于对水库拦沙作用作出更加准确的判断。因此，本研究基于综合考虑库容径流比 C/I、库容集水比 C/W 及泥沙粒径和沉降速度对水库拦沙的影响，提出改进模型（改进公式）：

$$TE = \gamma \ln\left(D_\mathrm{m}\frac{C}{W}\right) + \delta \ln\left(\omega\frac{C}{I}\right) + \varepsilon \tag{6.13}$$

式中：D_m 为泥沙中值粒径；ω 为沉降速度，指泥沙在静止的清水中等速下沉时的速度，它主要受泥沙形状、絮凝、低含沙量等因子影响，一般情况下，通常取常温下（25℃）不同泥沙粒径对应的沉速；γ、δ、ε 为相关参数。

由长江上游 20 座水库的 $\ln\left(D_\mathrm{m}\frac{C}{W}\right)$、$\ln\left(\omega\frac{C}{I}\right)$ 值采用对数回归法求得相关参数，得出改进拦沙率公式为

$$TE = 0.174\ln\left(D_\mathrm{m}\frac{C}{W}\right) - 0.022\ln\left(\omega\frac{C}{I}\right) + 1.371 \tag{6.14}$$

采用来自长江、黄河、珠江、澜沧江等不同流域的 18 座水库验证其准确性，结果如表 6.11 所示。

表 6.11　　四种经验公式和改进公式与实测拦沙率比较结果计算 TE

流域	水库	D_m/mm	$\omega/(\times10^{-3}\mathrm{m/s})$	Brown 公式	Brune 公式	Siyam 公式	Jothiprakash 公式	改进公式	实测 TE
雅砻江	官地	0.0100	0.0702	0.362	0.387	0.353	0.699	0.422	0.370
大渡河	大岗山	0.0100	0.0702	0.553	0.302	0.260	0.759	0.409	0.430
大渡河	龚嘴	0.0100	0.0702	0.289	0.176	0.153	0.478	0.378	0.260

流域	水库	D_m/mm	ω /(×10^{-3} m/s)	Brown 公式	Brune 公式	Siyam 公式	Jothiprakash 公式	改进公式	实测 TE
乌江	普定	0.0070	0.0344	0.972	0.842	0.934	0.912	0.903	0.890
乌江	引子渡	0.0070	0.0344	0.985	0.853	0.945	0.929	0.937	0.910
乌江	东风	0.0070	0.0344	0.973	0.793	0.893	0.898	0.818	0.850
乌江	索风营	0.0070	0.0344	0.847	0.453	0.453	0.616	0.507	0.480
乌江	乌江渡	0.0070	0.0344	0.885	0.896	0.942	0.935	0.917	0.929
黄河	青铜峡	0.0400	0.1120	0.184	0.947	0.614	0.723	0.475	0.496
黄河	小浪底	0.0400	0.1120	0.646	0.949	0.817	0.971	0.576	0.763
清江	隔河岩	0.0280	0.0612	0.959	0.954	0.972	0.968	0.996	0.968
汉江	安康	0.0230	0.0323	0.879	0.951	0.910	0.936	0.840	0.904
汉江	黄龙滩	0.0057	0.0248	0.913	0.952	0.950	0.954	0.939	0.938
澜沧江	漫湾	0.0035	0.00118	0.446	0.945	0.472	0.753	0.477	0.460
澜沧江	大朝山	0.0035	0.00118	0.437	0.946	0.570	0.742	0.525	0.513
沅水	凤滩	0.0050	0.00175	0.888	0.951	0.928	0.907	0.910	0.914
珠江	岩滩	0.0066	0.00324	0.709	0.949	0.837	0.848	0.735	0.716
珠江	鲁布革	0.0080	0.00449	0.601	0.947	0.705	0.735	0.647	0.660
平均误差				12.9%	8.2%	8.4%	14.7%	4.1%	

由表 6.11 可知，采用 Brune 和 Siyam 模型计算的水库拦沙率和实测水库拦沙率之间的平均误差相对较小，分别为 8.2% 和 8.4%；采用 Brown 和 Jothiprakash 模型计算水库拦沙率和实测水库拦沙率之间的平均误差相对较大，分别为 12.9% 和 14.7%。而改进模型计算的水库拦沙率和实测水库拦沙率之间的平均误差为 4.1%，其误差相对于传统拦沙率公式计算结果更小。因此，与其他经验模型相比，改进模型在大型水库拦沙率计算中具有更好的适用性和准确性，这可为大型水库排沙调度提供更为有效的参考依据，进而为水库的安全运行和长期使用提供更加可靠的保障。

随着水库的运行，水库的拦沙效果会发生变化，相应的，有效调节库容和坝下游控制断面径流量也会随之变化，从而库容径流比和库容集水比也随之而变，因此，拦沙率模型是针对水库多年拦沙效果的一种评估。

6.3.2　气候变化

气候条件，特别是降雨为水沙变化的重要影响因素，不同尺度下的气候变化特征是不同的，对水沙变化的影响也不一样。

一般来说，降水量-输沙量关系和径流量-输沙量两者关系呈现为幂函数关系，其关系式分别为 $W_s = a \times P^b$ 及 $W_s = a \times R^b$，式中 W_s 为年输沙量，P 为年降雨量，R 为年径流量，a 和 b 分别为拟合的系数和指数。一般情况下，可以用此关系式来粗略地估算降水/径流变化对输沙量变化的影响。长江上游流域各水文站及各区间径流量-输沙量关系较为复杂，不同时段的相关关系差别较大。对金沙江、岷沱江、嘉陵江和乌江流域降水/径流变化对输沙量变化的影响分别进行了分析（图 6.19~图 6.22，表 6.12~表 6.14）。

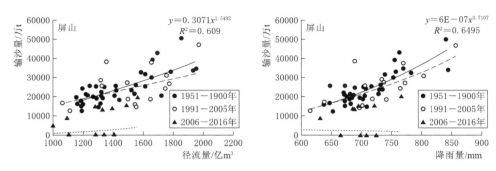

图 6.19 屏山站年不同时段年径流量-年输沙量及年降雨量-年输沙量关系图

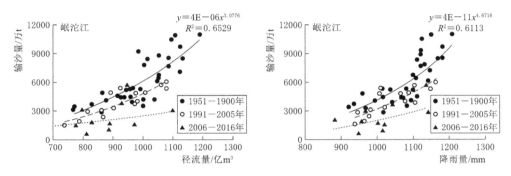

图 6.20 岷沱江年不同时段年径流量-年输沙量及年降雨量-年输沙量关系图

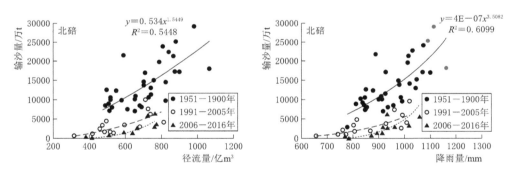

图 6.21 北碚站年不同时段年径流量-年输沙量及年降雨量-年输沙量关系图

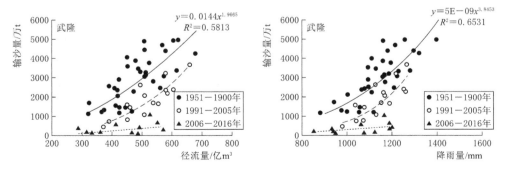

图 6.22 武隆站年不同时段年径流量-年输沙量及年降雨量-年输沙量关系图

表 6.12　　　　　　　　　　长江上游不同统计时段平均降雨量统计表

流　域		长江上游	金沙江	岷沱江	嘉陵江	乌江
降雨量/mm	1950—1991 年（1）	872	713	1095	960	1150
	1991—2005 年（2）	853	730	1041	867	1144
	2006—2016 年（3）	826	688	1008	918	1064
降雨量变幅	$\dfrac{(2)-(1)}{(1)}$	−2%	2%	−5%	−10%	−1%
	$\dfrac{(3)-(2)}{(2)}$	−3%	−6%	−3%	6%	−7%

表 6.13　　　　　　　　　　长江上游不同统计时段平均径流量统计表

流　域		长江上游	金沙江	岷沱江	嘉陵江	乌江
径流量/亿 m³	1950—1991 年（1）	3517	1437	996	700	493
	1991—2005 年（2）	3368	1521	930	557	515
	2006—2016 年（3）	3188	1300	877	624	436
径流量变幅	$\dfrac{(2)-(1)}{(1)}$	−4%	6%	−7%	−20%	5%
	$\dfrac{(3)-(2)}{(2)}$	−5%	−14%	−6%	11%	−16%

表 6.14　　　　　　　　　　长江上游不同统计时段平均输沙量统计表

流　域		长江上游	金沙江	岷沱江	嘉陵江	乌江
输沙量/万 t	1950—1991 年（1）	45958	24627	6407	14245	2983
	1991—2005 年（2）	29950	25780	4004	3582	1870
	2006—2016 年（3）	13325	8466	2379	2580	357
输沙量变幅	$\dfrac{(2)-(1)}{(1)}$	−35%	5%	−38%	−75%	−37%
	$\dfrac{(3)-(2)}{(2)}$	−71%	−66%	−63%	−82%	−88%

　　根据径流量-输沙量关系初步估算，金沙江屏山站以上流域与 1990 年前相比，1991—2005 年比 1990 年前实际增沙 0.115 亿 t/a，1991—2005 年径流量增加 84 亿 m³/a，降水/径流（在 1990 年前的下垫面条件下，下同）变化引起的增沙 0.049 亿 t/a，由降雨引起的沙量变化占比 42.6%。2006—2016 年相比 1990 年前屏山站降雨量减少 25mm/a，径流量减少 137 亿 m³/a，输沙量减少 1.616 亿 t/a，由径流量引起的输沙量减少为 1.188 亿 t/a，占输沙量减少比例达 73.5%。

　　根据岷沱江年径流量-年输沙量关系初步计算，与 1990 年前相比，岷沱江流域 1991—2005 年径流量减少 66 亿 m³/a，输沙量减少 0.24 亿 t/a，其中降水/径流变化引起的减沙 0.098 亿 t/a，由降雨引起的沙量变化占比 40.8%。2006—2016 年相比 1990 年前岷沱江降雨量减少 87mm/a，径流量减少 119 亿 m³/a，输沙量减少 0.403 亿 t/a，由径流量引起的输沙量减少占总减少比例为 47.6%。

　　根据嘉陵江北碚站年径流量-输沙量关系初步计算，与 1990 年前相比，嘉陵江流域

1991—2005 年径流量减少 143 亿 m³/a，输沙量减少 1.066 亿 t/a，其中降水/径流变化引起的减沙 0.453 亿 t/a，由降雨引起的沙量变化占比 42.5%。2006—2016 年相比 1990 年前北碚站降雨量减少 42mm/a，径流量减少 76 亿 m³/a，输沙量减少 1.166 亿 t/a，由径流量引起的输沙量减少为 0.732 亿 t/a，占输沙量减少比例达 62.8%。

根据乌江武隆站年径流量-年输沙量关系初步计算，与 1990 年前相比，乌江流域 1991—2005 年径流量增加 22 亿 m³/a，输沙量增加 0.024 亿 t/a，其中降水/径流变化引起的增沙 0.003 亿 t/a，由降雨引起的沙量变化占比 12.5%。2006—2016 年相比 1990 年前武隆站降雨量减少 86mm/a，径流量减少 57 亿 m³/a，输沙量减少 0.2625 亿 t/a，由径流量引起的输沙量减少为 0.182 亿 t/a，占输沙量减少比例达 69.3%。

综上，1991—2005 年，长江上游气候变化（降雨）是影响流域输沙量的重要因素，尤其在金沙江和嘉陵江流域表现相对突出。而在 2006—2016 年，气候变化对长江上游流域输沙量影响相对不明显，人类活动成为输沙量变化的最主要因素。

6.3.3 水土保持

长江上游水土流失严重，1985 年水土流失总面积为 35.20 万 km²，占上游土地总面积的 35%，年侵蚀总量为 15.68 亿 t。1989 年国家启动了长江上游水土保持重点防治工程（简称"长治工程"），在金沙江下游及毕节地区、嘉陵江上游的陇南和陕南地区、嘉陵江中下游、三峡库区等 4 片首批实施重点防治，总面积 35.10 万 km²，其中水土流失面积 18.92 万 km²。1998 年特大洪灾后，国家又实施"长江上游天然林资源保护工程"（简称"天保工程"）和退耕还林还草工程，对坡度在 25°以上的坡耕地全部要求退耕还林。

1990 年以来，通过长期的预防和治理，长江上游水土流失发展的势头得到一定的控制并有所减少，但由于存在边治理边破坏的现象，一方面列入重点治理区域的水土流失面积在大幅度减少，而另一方面非重点治理区水土流失面积却在不断增加，以至于总体上水土流失面积减少的幅度不大。据不完全统计，长江上中游地区 20 世纪 90 年代每年人为造成的水土流失面积在 1200km² 左右，新增水土流失量约 1.2 亿 t。这类水土流失往往面积不大，但分布集中，强度极大。

长江水利委员会水文局对长江上游金沙江、嘉陵江、岷沱江、乌江及三峡区间等区域水土保持进行了实地调查，并根据水土保持部门提供的数据，分析了金沙江、嘉陵江、乌江等区域水土保持对输沙量变化的影响，主要认识有以下几点：

（1）综合水土保持调查和水文分析成果，1991—2005 年金沙江流域屏山以上地区"长治工程"对屏山站的年均减沙量为 960 万～1460 万 t（平均 1210 万 t），减沙效益较小，仅为 4.9%。

（2）嘉陵江流域 1989—2003 年水土保持措施年均减沙量在 2080 万～2830 万 t/a，减沙效益 16.9%，占北碚站总减沙量的 22.6%，水土保持措施减蚀减沙效益较为明显。

（3）乌江上游毕节地区水土保持措施年均减沙量平均 270 万 t，主要体现在东风电站和普定电站入库泥沙减小，对武隆站年输沙量减小则影响不大。

21 世纪以来，伴随城镇化建设步伐的加快，长江上游农村劳动力逐步大规模转移，大量的农民从农村转移到城市，减少了对农村薪柴、粮食的需求量，大量坡耕地撂荒，对土地扰动力度减小，水土流失也随之明显减少。

6.3.4　其他因素

其他因素如河道采砂、道路修建等工程建设、用水量及蒸发量变化、毁林、开荒、政策变动及滑坡、泥石流、地震等都会对流域水沙变化产生一定的影响。其中：滑坡、泥石流、地震等因素影响强度很大，但影响的时间和空间范围均较小；毁林、开荒对流域输沙量变化的影响很大，毁林、开荒使地表失去植被的保护，抗侵蚀能力大幅度减弱，使地表侵蚀强度增大，可能延续 10～30 年。同样，植被恢复到能够抵御地表侵蚀的程度，也需要很长的时间。

6.4　金沙江下游梯级和三峡入库沙量预测

受气候（降雨因素）变化和人类活动（水库修建、水土保持等）的双重影响，长江上游地区产输沙条件发生了很大程度的改变，在径流量变化较小情况下，输沙量明显减小。

6.4.1　金沙江下游梯级入库沙量预测

金沙江下游梯级入库沙量主要有三个来源，分别是：①金沙江中上游干流来沙，攀枝花站为控制站；②支流雅砻江来沙，桐子林站为控制站；③金沙江下游区间侵蚀产输沙。

近几十年来，金沙江攀枝花站输沙量呈明显下降趋势，1966—2018 年攀枝花站多年平均输沙量约为 4600 万 t/a；而最近十年平均输沙量减小为约 1520 万 t/a，减小幅度为59.6%；最近几年攀枝花站输沙量进一步减少到不足 500 万 t/a。

雅砻江桐子林站 1966—2018 年多年平均输沙量约为 1300 万 t/a，最近十年平均输沙量减小为约 1140 万 t/a，减小幅度相对较小，约为 12.3%，但是 2017 年开始桐子林站输沙量减少到不足 700 万 t/a。

金沙江下游区间侵蚀产输沙是金沙江下游梯级入库泥沙的主要来源。金沙江下游崩塌、滑坡、泥石流等重力侵蚀、混合侵蚀对土壤侵蚀总量的贡献非常大，根据杨子生（2002）的研究，金沙江下游坡面侵蚀量占土壤侵蚀总量的比重约为 68.1%。表 6.15 展示了金沙江下游 2000—2017 年土壤侵蚀产沙统计结果。从表中可以看到，2000—2017 年金沙江下游土壤侵蚀模数整体呈减小趋势，但是减小幅度并不十分显著，17 年内减小幅度约为 11.1%。表明金沙江下游土壤侵蚀情况整体表现为稳定中有所减小的变化趋势。通过土壤侵蚀模数估算得到金沙江下游坡面侵蚀产沙量约为 1 亿 t/a，其中泥沙输移比取0.8（景可，2002），2017 年坡面侵蚀产沙量为 9421.02 万 t/a，考虑重力侵蚀的产沙总量达 1.38 亿 t/a。

表 6.15　　　　　　　金沙江下游 2000—2017 年度土壤侵蚀统计表

年份	土壤侵蚀模数/[t/(km² · a)]	年坡面侵蚀产沙量/万 t	产沙总量（坡面＋重力）/万 t
2000	1531.27	10596.75	15556.00
2001	1502.82	10399.87	15266.99
2002	1486.70	10288.31	15103.22

年份	土壤侵蚀模数/[t/(km²·a)]	年坡面侵蚀产沙量/万t	产沙总量（坡面＋重力）/万t
2003	1492.27	10326.85	15159.80
2004	1453.28	10057.03	14763.70
2005	1468.19	10160.22	14915.18
2006	1445.89	10005.90	14688.63
2007	1423.01	9847.56	14456.19
2008	1420.39	9829.45	14429.61
2009	1440.02	9965.30	14629.04
2010	1451.20	10042.67	14742.62
2011	1448.17	10021.70	14711.83
2012	1442.93	9985.42	14658.57
2013	1404.50	9719.46	14268.14
2014	1399.15	9682.47	14213.84
2015	1384.11	9578.38	14061.05
2016	1359.59	9408.66	13811.89
2017	1361.37	9421.02	13830.04

根据以上分析结果可以看到，金沙江下游侵蚀产沙（坡面侵蚀＋重力侵蚀）远远超过金沙江攀枝花站和雅砻江桐子林站输沙量，因此，金沙江下游侵蚀产沙量基本决定了金沙江下游梯级入库沙量大小。以 2011—2017 年平均侵蚀模数 1400t/(km²·a) 作为代表，可以估算得到金沙江下游坡面侵蚀产沙量约为 9688.4 万 t/a，则可以估算得到重力侵蚀产沙量约为 4538.3 万 t/a。取坡面侵蚀产沙的泥沙输移比为 0.5，重力侵蚀的泥沙输移比为 0.7（景可，2002），则可以得到坡面侵蚀和重力产沙输沙量分别约为 4844.2 万 t/a 和 3176.8 万 t/a，合计 8021 万 t/a。加上攀枝花和桐子林的输沙量 1200 万 t/a，则金沙江下游梯级入库沙量约为 9221 万 t/a。

6.4.2 三峡入库沙量预测

2012 年以来金沙江中下游梯级水库（溪洛渡、向家坝）的陆续建成运用，使得长江上游形成了以三峡水库为核心的世界规模最大的巨型水库群，在流域防洪、发电、供水、航运和生态保护等方面发挥巨大作用的同时，也改变了流域径流时空变化，并从宏观上改变了河流泥沙的时空分布，导致三峡入库水沙特性发生了新的变化。

根据长江上游水库群（含已建、在建、拟建水库）的拦沙效果的综合分析与研究，对三峡入库泥沙量进行了分析预测，采用拦沙率的分组方法对水库群拦沙进行分析计算。结果表明，上游水库群拦沙作用显著，主要干支流进入三峡水库泥沙量约为 6000 万 t/a。

除了利用水库群拦沙率进行分析，前述研究中还发现干支流输沙量的减少趋势与水库建设和总库容的增大在时间上对应关系较好，输沙量-径流量双累积曲线的转折点刚好对应了水库建设的不同阶段。为了进一步量化水库对泥沙输运的影响，并消除径流量的作用，对长江上游主要支流年均含沙量和流域累积库容进行了相关性分析（图 6.23）。从图中可以看到，随着累积库容的增大，向家坝站、高场站、北碚站和武隆站年均含沙量呈显著下降趋势，二者相关系数最低的为高场站（$R=-0.72$），相关系数最高的为向家坝（$R=-0.95$），表明支流控制站输沙量与水库累积库容之间具有较高的相关性。因此，基于多年数据拟合得到的相关曲线，考虑各支流近期水库建设运行情况，可以对各支流未来输沙量进行预测。预测结果表明，随着近期干支流上系列水库的建设运行，金沙江、岷江、嘉陵江和乌江控制站输出的含沙量分别为 7.5×10^{-5} kg/m³，0.08kg/m³，0.11kg/m³ 和 0.03kg/m³，以各支流多年（1950—2017 年）平均径流量为基础，可以估算得到向家坝站、高场站、北碚站和武隆站年输沙量分别为 1.1 万 t、715.5 万 t、689.4 万 t 和 144.1 万 t，输沙量总和约为 1600 万 t。

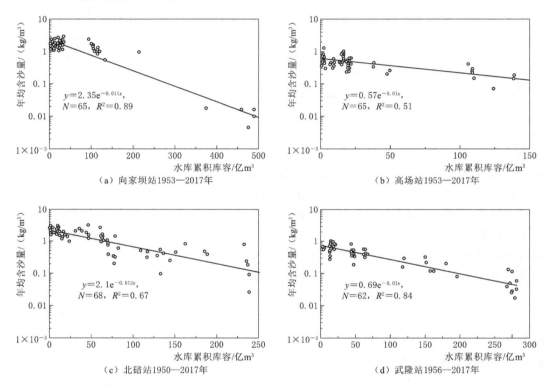

图 6.23　向家坝、高场、北碚和武隆站年均含沙量与支流累积库容之间关系

以上根据水库拦沙的估算方法是基于由水库控制的主要干支流进入三峡水库泥沙量，未考虑控制性水库以下未控区间侵蚀输沙量（不含三峡库区区间产沙，下同）。未控区间面积约为

950000km²（寸滩＋武隆）−458800km²（向家坝）−68500km²（瀑布沟）

−22700km²（紫坪铺）−24500km²（流滩坝）−14700km²（张窝）

−156200km²（草街）−69000km²（彭水）

＝135600km²

根据调查分析当前川江干流、岷沱江下游和渠江下游区域平均土壤侵蚀模数分别为 303.3t/(km²·a)、430.3t/(km²·a) 和 366.2t/(km²·a)，取其平均值 366.6t/(km²·a) 表征未控区间土壤侵蚀模数，则可以估算得到未控区间侵蚀产沙量约为 4970 万 t/a。

根据已有的长江上游不同区域泥沙输移比的调查研究可知，长江上游干支流泥沙输移比基本在 0.1~0.6 的范围内变化（张信宝，1996），上述未控区间产沙以坡面产沙为主，而且水量较为充足，泥沙较为容易进入河道，因此取 0.4 作为该未控区间输沙比（刘毅和张平，1991；景可，2002），可以估算得到未控区间输沙量约为 2000 万 t/a，加上根据水库群拦沙估算得到的沙量，得到三峡入库沙量约为 8000 万 t/a。

根据控制站年际输沙量与水库库容之间关系推算三峡入库泥沙量时则未考虑主要干支流控制站以下区间侵蚀输沙量，该种估算方法下未控区间面积约为：

$$950000\text{km}^2（寸滩＋武隆）-458800\text{km}^2（向家坝）$$
$$-135400\text{km}^2（高场）-23300\text{km}^2（富顺）$$
$$-14800\text{km}^2（横江）-156700\text{km}^2（北碚）$$
$$-83000\text{km}^2（武隆）$$
$$=78000\text{km}^2$$

同前述估算方法，可以得到该未控区间产沙量约为 2859 万 t/a，输沙量为 1100 万 t/a。加上控制站年输沙量与水库库容拟合关系得到的控制站沙量，得到三峡入库沙量约为 2700 万 t/a。

通过两种方法估算得到三峡水库入库沙量约为 2700 万~8000 万 t/a。

6.4.3 讨论

对于金沙江下游梯级入库泥沙量的预测，考虑到金沙江中上游水库继续建设和运行以及金沙江下游土地利用改变等对输沙的影响，预期该输沙量值会有所减小，但是考虑到金沙江下游侵蚀产沙为主要输沙来源，而过去 17 年的年侵蚀产沙量仅仅减小 11.1%；按照 10% 的减小幅度考虑，则金沙江下游坡面和重力侵蚀产输沙量预计值约为 7219 万~8021 万 t/a。因此，预测得到正常情况下金沙江下游梯级入库输沙量约为 8419 万~9221 万 t/a。但是需要注意，随着金沙江下游水土保持整治措施的实施，未来其土壤侵蚀产输沙可能大幅下降，从而将直接导致金沙江下游梯级入库沙量的显著减少。

考虑长江上游在建的水库情况，基于支流控制站年均含沙量与水库累积库容之间的拟合曲线预测得到的主要控制站点年输沙量总和约为 1600 万 t。该预测值考虑了在建水库建成运行后对主要干支流拦沙作用进一步增加的影响，但是未能反映出随着水库淤积的发展，淤积速率以及水库拦沙能力会逐渐减小的情况。因此，该预测值可以认为是最大化考虑水库拦沙作用情况下的一个较小值。

需要注意的是，以上的估算只是基于通常情况，在特殊气候条件下，例如暴雨集中在没有大型水库控制的重点产沙区（或刚好遭遇大洪水，水库泄洪），可能造成显著大于通常年份的输沙量。张有芷（1989）对长江上游暴雨与输沙量的关系的分析结果表明，暴雨是影响输沙量年内年际变化、地区分布和水沙关系的主要气候因子，流域输沙量集中在 7—9 月是因为暴雨年内分配的集中。1981—1985 年大沙期，在强产沙区，无论是年雨量还是暴雨日数的距平值均为正值，表明在强产沙区暴雨次数及年雨量均有明显的增加，暴雨对地面的侵蚀都比正常年份严重；而在非强产沙区，年雨量和暴雨却比正常年份偏少，张有芷认为金沙江降水和暴雨的这种分布特性是金沙江 1981—1985 年期间径流量减少而输沙量增加的直接原因。金沙江流域面积大、地质地貌条件极为复杂，流域内常形成控制面积小、历时短、降水强度大的局部性暴雨，降雨落区对流域侵蚀产沙量有重要影响。由于金沙江流域下段来沙大部分为滑坡、泥石流产沙，而泥石流、滑坡的发生往往是受某一场日暴雨过程的激发作用所致。在相对较小的区域内，降雨是否落在滑坡和泥石流沟所在流域，其来沙结果有很大的差异，暴雨强度及落区在小范围内的变化也对流域来沙量的变化具有重要影响。当暴雨中心在主要产沙区或主要产沙区发生大面积集中降雨时，河流输沙量较大。例如1954年宜昌站径流量和输沙量分别为5751亿 m³和7.54亿 t，上游流域降雨范围广，主要雨区在乌江、金沙江下游和干流区间一带，降雨时间长，乌江降雨强度大。1981年宜昌站径流量为4420亿 m³，输沙量达7.28亿 t，7月长江上游出现大面积暴雨，8月又发生大面积强暴雨，笼罩嘉陵江、岷江、沱江等几条支流。

近年来，嘉陵江流域暴雨产输沙对三峡入库泥沙量的影响较大，2000年以来，嘉陵江控制站北碚站年均输沙量为2730万 t，期间共有4个年份输沙量超过4000万 t，分别是2005年（4230万 t）、2010年（6220万 t）、2013年（5760万 t）和2018年（7220万 t），以2018年输沙量最大，是北碚站近20年平均年输沙量的2.6倍。从这几个显著高于平常年份的高输沙量组成来看，2005年主要由渠江输沙高引起（罗渡溪站2240万 t），2010年主要由嘉陵江干流和渠江输沙高引起（干流武胜站3350万 t，罗渡溪站2240万 t），2013年主要由涪江输沙高引起（小河坝站3800万 t），2018年主要由涪江和嘉陵江干流输沙高引起（小河坝站5170万 t，干流武胜站2550万 t）。由此分析可知，目前嘉陵江流域的涪江、干流以及渠江在特定暴雨气候条件下，都有高输沙的可能性，从而也会导致嘉陵江进入三峡库区输沙量显著高于平常年份。因此，在诸如重点产沙区降雨量偏大、降雨集中在产沙区等特殊条件下，三峡入库泥沙量可能显著超过前述预测值。

综合以上分析，预计在通常情况下，近期金沙江下游梯级入库沙量约为8419万～9221万 t/a，三峡水库入库沙量（不考虑三峡库区区间产输沙）约为2700万～8000万 t/a，而在诸如重点产沙区降雨量偏大、降雨集中在产沙区等特殊条件下，三峡入库泥沙量可能显著超过预测值（图6.24）。

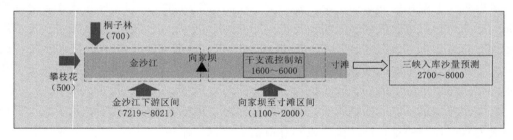

图 6.24 金沙江下游梯级和三峡入库泥沙量预测（单位：万 t/a）

6.5 小结

本章综合分析讨论了水库拦沙、气候变化和水土保持等因素对三峡入库泥沙影响，特别是水库建设和运行的作用。

基于综合考虑库容径流比 C/I 和库容集水比 C/W，以及泥沙粒径和沉降速度的改进拦沙率模型，其计算的水库拦沙率和实测水库拦沙率之间的平均误差为4.1%，其误差相对于传统拦沙率更小。与其他经验模型相比，改进模型在大型水库拦沙率计算中具有更好的适用性和准确性。

1991—2005 年，长江上游气候变化（降雨）是影响流域输沙量的重要因素，尤其在金沙江和嘉陵江流域表现相对突出。2006—2016 年，气候变化对长江上游流域输沙量影响相对不明显，人类活动成为输沙量变化的最主要因素。

根据水库拦沙影响以及未控区间产输沙估算得到，在通常情况下，近期金沙江下游梯级入库沙量一般为 8419 万～9221 万 t/a，需要注意随着金沙江下游水土保持的实施，金沙江下游土壤侵蚀产输沙的减少将直接导致金沙江下游梯级入库泥沙的显著减少；通常条件下，三峡水库入库沙量（不考虑三峡库区区间产输沙）一般为 2700 万～8000 万 t/a，而在诸如重点产沙区降雨量偏大、降雨集中在产沙区等特殊条件下，三峡入库泥沙量可能显著超过预测值。

第7章 结 语

本书针对近期长江上游产输沙特征发生变化以及水库建设等人类活动影响持续增大的特征，分析研究了 1950—2016 年长江上游及三峡入库的输水输沙量变化过程及规律，开展了长江上游重点产沙区产输沙调查研究；选取了岷江下游、嘉陵江的渠江下游、沱江下游、长江干流向家坝至朱沱段共 4 个典型区域开展研究，总结分析了目前国内外运用较为广泛的针对不同区域特点的几类侵蚀产沙模型；重点分析讨论了金沙江流域、嘉陵江流域和岷江流域 3 个代表性流域的水沙变化过程及机理；研究了长江上游输沙影响机制，分析预测了三峡入库沙量等，得到以下主要认识。

（1）20 世纪 90 年代以来，长江上游来水来沙量均有减小，来沙量的减小幅度远大于来水量减小的幅度。与 1956—1990 年相比，1991—2002 年年均输沙量减幅为 25.5%，三峡水库蓄水后（2003—2016 年），长江上游来水来沙量进一步减小，年均沙量仅为 0.38 亿 t，减幅达到 90.3%。1991—2005 年，长江上游气候变化（降雨）是影响流域输沙量变化的重要因素，尤其在金沙江和嘉陵江流域表现相对突出，而在 2006—2016 年，气候变化对长江上游流域输沙量影响相对不明显，人类活动成为输沙量变化的最主要因素；

（2）从三峡入库水量来看，各站径流量总体变化不大，而各站输沙量均大幅减小。其中：嘉陵江有明显的交替中逐渐下降的趋势，且进入 20 世纪 90 年代以后减小明显，最大减幅达 76%（出现在 2000—2009 年），但 2010 年以后沙量较上一个 10 年有所恢复；乌江则是自 20 世纪 70 年代以后呈持续减小态势，以 2000 年以后减幅最大，平均减幅超过 72%；向家坝至寸滩的区间来沙，2012 年以前占寸滩总沙量的比值很小，但 2013—2016 年该区间（含区间支流）来沙量占到了寸滩站的接近 20%，仅次于嘉陵江和岷江，这一区域已成为三峡水库上游来沙地区组成中的重要部分。

（3）长江上游近 60 年来干支流各站及三峡入库输沙量几乎都有明显的突变减少现象：金沙江屏山站 2004 年输沙量发生了突变；岷江高场站在 1994 年输沙量发生了突变；沱江富顺站在 1984 年输沙量发生了突变；嘉陵江北碚站在 1993 年输沙量发生了突变；乌江武隆站在 1984 年输沙量发生了突变。

（4）以沱江流域典型坡耕地为例，应用 [137]Cs 示踪研究得到该地块犁耕搬运作用的影响较为显著，而径流侵蚀作用有限，加权平均土壤侵蚀速率为 $1294.6t/(km^2 \cdot a)$，坡耕地土壤侵蚀速率不高，主要是由于研究的坡耕地坡度较小以及通过在坡耕地内开挖了数条等高排水沟的耕作方式使得土壤侵蚀强度大大降低。以长江干流和沱江流域典型林地为例，发现典型林地侵蚀速率为 $310\sim688t/(km^2 \cdot a)$，远低于坡耕地。

（5）金沙江流域很长时间内一直都是长江上游来沙占比第一的水系，但是近几年来沙量已经减少为长江上游各个主要水系中的最小值。2011 年以来，金沙江流域水库群年均拦沙量达 1.92 亿 t。从水库减沙效应的年际变化来看，1956—1990 年、1991—2005 年、2006—2015 年水库拦沙对屏山站的减沙权重分别为 0.3%、48% 和 83%，水库拦沙作用逐步增强。从水库减沙效应的空间变化来看，1991—2005 年，对屏山站减沙造成影响的水库主要分布在雅砻江流域；2006—2015 年，对屏山站减沙造成影响的水库主要分布在金沙江中下游干流；2011 年以后，其拦沙引起屏山站同期年均输沙量的减少权重在 90%以上。

（6）嘉陵江流域目前是长江上游各水系中来沙量占比最大者。1954—2015 年间，北碚站径流量呈一定的减小趋势，但整体变幅较小，其输沙量则呈较为明显的减少趋势。1954—2015 年降水对于流域输沙量的贡献率逐步降低，人类活动成为流域输沙量减少的主要驱动力。人类活动中，在 1964—1990 年间水利拦沙在人类活动中占主导地位，占比 57.6%；1991—2005 年，土地利用在北碚站减沙中比例升至 66.5%；2006 年以来人类活动对减沙贡献率达 87.5%，水利工程特别是水库对流域产沙和输沙有长期的巨大影响，其在人类活动中占主导地位，占比 75.7%。长期来看，嘉陵江北碚站来沙减小的趋势仍将持续，当遇到特大暴雨等气候条件时，可能会出现之前赋存在坡面和库内的泥沙冲刷下泄，造成下游沙量剧增。

（7）岷江流域来沙量目前在长江上游各水系中排第二，仅次于嘉陵江。高场站年径流量、输沙量均有减少趋势，且输沙量减少的趋势更明显，输沙量年内峰值变化较大。近期年输沙量的变化与流域水库调控系数呈负相关关系，但因为人类活动的复杂性和流域开发的程度较低，2004 年后这种相关性才逐渐显现出来，预计这种相关性随着岷江流域水库库容的进一步增大而增强，且在汛期体现得更为明显。

（8）基于综合考虑库容径流比 C/I 和库容集水比 C/W，以及泥沙粒径和沉降速度的改进拦沙率模型，其计算的水库拦沙率和实测水库拦沙率之间的平均误差为 4.1%，其误差相对于传统拦沙率更小，改进模型在大型水库拦沙率计算中具有更好的适用性和准确性。

（9）根据水库拦沙影响以及未控区间产输沙估算，在通常情况下，近期金沙江下游梯级入库沙量约为 8419 万～9221 万 t/a。需要注意，随着金沙江下游水土保持的实施，土壤侵蚀产输沙的减少将直接导致梯级入库泥沙的显著减少；三峡水库入库沙量（不考虑三峡库区区间产输沙）一般为 2700 万～8000 万 t/a，而在诸如重点产沙区降雨量偏大、降雨集中在产沙区等特殊条件下，三峡入库泥沙量可能显著超过预测值。

长江上游重点产沙区暴雨产沙对三峡入库沙量影响较大，在上游越来越多控制性水库作用的情况下该特征尤为显著，特别是嘉陵江流域，其目前已经成为三峡入库沙量最主要来源，并且在个别年份暴雨等因素作用下输沙量显著高于平常年份，是预测三峡入库沙量的一个十分重要的未知变量。因此，建议后续针对嘉陵江暴雨产沙过程、影响和控制因素以及预测开展深入研究。

参 考 文 献

陈显维，1992. 嘉陵江流域水库群拦沙量估算及拦沙效应分析 [J]. 水文 (4)：34-38.

蔡国强，陆兆熊，王贵平，1996. 黄土丘陵沟壑区典型小流域侵蚀产沙过程模拟 [J]. 地理学报，51 (2)，108-116.

丁文峰，张平仓，任洪玉，2008. 近50年嘉陵江流域径流泥沙演变规律及驱动因素定量分析 [J]. 长江科学院院报，25 (30)：23-27.

段炎冲，李丹勋，王兴奎，2015. 长江上游梯级水库群拦沙效果分析 [J]. 四川大学学报（工程科学版），47 (6)：15-23.

郭兵，陶和平，刘斌涛，等，2012. 基于GIS和USLE的汶川地震后理县土壤侵蚀特征及分析 [J]. 农业工程学报，28 (14)：118-126.

郭卫，徐高洪，沈杰，等，2018. 岷江流域径流变化趋势及水文情势变异研究 [J]. 人民长江，49 (22)：64-68. DOI：10.16232/j.cnki.1001-4179.2018.22.012.

景可，2002. 长江上游泥沙输移比初探 [J]. 泥沙研究 (1)：53-59.

景可，师长兴，2007. 流域输沙模数与流域面积关系研究 [J]. 泥沙研究 (1)：17-23.

金中武，李志晶，周银军，2021. 长江上游水库生态清淤研究与实践 [M]. 武汉：长江出版社.

李海彬，2011. 长江流域输沙特性变化及其与大型库群修建的关系研究 [D]. 武汉：武汉大学.

李海彬，张小峰，胡春宏，等，2011. 三峡入库沙量变化趋势及上游建库影响 [J]. 水力发电学报，30 (1)：94-100.

李智广，符素华，刘宝元，2012. 我国水力侵蚀抽样调查方法 [J]. 中国水土保持科学，10 (1)：77-81.

刘宝元，郭索彦，李智广，等，2013. 中国水力侵蚀抽样调查 [J]. 中国水土保持 (10)：26-34.

刘斌涛，宋春风，史展，等，2015. 西南土石山区土壤流失方程坡度因子修正算法研究 [J]. 中国水土保持 (8)：49-51，77.

刘淑珍，刘斌涛，苏正安，等，2014. 对我国水土流失调查评价方法若干问题的思考 [J]. 山地学报，32 (2)：150-153.

刘毅，张平，1991. 长江上游重点产沙区地表侵蚀及河流泥沙特性 [J]. 水文 (3)：6-12.

齐永青，张信宝，贺秀斌，等，2006. 中国137Cs本底值区域分布研究 [J]. 核技术 (1)：42-50.

师长兴，2010. 长江上游输沙模数分布图的制作及其空间分异特征初步分析 [J]. 长江流域资源与环境，19 (11)：1322-1326.

史东梅，卢喜平，刘立志，2005. 三峡库区紫色土坡地桑基植物篱水土保持作用研究 [J]. 水土保持学报 (3)：75-79.

石国钰，陈显维，叶敏，1992. 长江上游已建水库群拦沙对三峡水库入库站沙量影响的探讨 [J]. 人民长江 (5)：23-28.

王延贵，胡春宏，刘茜，等，2016. 长江上游水沙特性变化与人类活动的影响 [J]. 泥沙研究 (1)：1-8.

王延贵，史红玲，刘茜，2014. 水库拦沙对长江水沙态势变化的影响 [J]. 水科学进展，25 (4)：467-476.

韦杰，贺秀斌，2012. 流域侵蚀产沙人类活动影响指数研究：以长江上游为例 [J]. 地理研究，31 (12)：2259-2269.

武旭同，李娜，王腊春，2016. 近 60 年来长江干流水沙特征分析 [J]. 泥沙研究 (5)：40 - 46.

夏军，王渺林，2008. 长江上游流域径流变化与分布式水文模拟 [J]. 资源科学 (7)：962 - 967.

许炯心，2009. 长江上游干支流近期水沙变化及其与水库修建的关系 [J]. 山地学报，27 (4)：385 - 393.

许炯心，孙季，2007. 长江上游重点产沙区产沙量对人类活动的响应 [J]. 地理科学 (2)：211 - 218.

杨子生，2002. 云南金沙江流域重力侵蚀量分析 [J]. 水土保持学报 (6)：4 - 8，35.

袁晶，许全喜，2018. 金沙江流域水库拦沙效应 [J]. 水科学进展，29 (4)：482 - 491.

张广兴，雷孝章，于朋，等，2009. 川中丘陵区小流域泥沙输移比研究 [J]. 四川水利，30 (3)：27 - 28，41.

张信宝，柴宗新，1996. 长江上游水土流失治理的思考——与黄河中游的对比 [J]. 水土保持科技情报 (4)：7 - 9.

张信宝，贺秀斌，文安邦，等，2006. 不同尺度域的侵蚀模数 [J]. 水土保持通报 (2)：69 - 71.

张信宝，贺秀斌，文安邦，等，2007. 侵蚀泥沙研究的 ^{137} Cs 核示踪技术 [J]. 水土保持研究 (2)：152 - 154＋157.

张有芷，1989. 长江上游地区暴雨与输沙量的关系分析 [J]，水利水电技术 (12)：1 - 5，31.

郑粉莉，杨勤科，王占礼，2004. 水蚀预报模型研究 [J]. 水土保持研究，11 (1)，14 - 24.

周银军，王军，金中武，等，2020. 三峡水库来沙的地区组成变化分析 [J]. 泥沙研究，45 (4)：21 - 26.

BROWN C B, 1944. Discussion of Sedimentation in Reservoirs [J]. Proceedings of the American Society of Civil Engineers，69：1493 - 1500.

BRUNE G M ，1953. Trap Efficiency of Reservoirs [J]. Trans. Am. Geophysical Union，34 (3)：407 - 418.

GUO C JIN Z ，GUO L ，et al，2020. On the cumulative dam impact in the upper Changjiang River：Streamflow and sediment load changes [J]. Catena，184：104250.

JOTHIPRAKASH V，GARG V，2008. Re-took to Conventional Techniques for Trapping Efficiency Estimation of a Reservoir. International Journal of Sediment Research，23 (I)：76 - 84.

LU X X, ASHMORE P, WANG J，2003. Sediment load mapping in a large river basin：the Upper Yangtze，China [J]. Environmental Modelling & Software，18：339 - 353.

SIYAM A M, MIRGHANI M, EL ZEIN S，et al，2005，Assessment of the current state of the Nile basin reservoir sedimentation problems. NBCN-RE (Nile Basin Capacity Building Network for River Engineering)，River Morphology，Research Cluster，Group - I Report.

YANG S L, ZHAO Q Y, BELKIN I M，2002. Temporal variation in the sediment load of the Yangtze River and the influences of the human activities [J]. Journal of Hydrology，263：56 - 71.

ZHOU Y J, LI D F, LU J Y，2020. Distinguishing the multiple controls on the decreased sediment flux in the Jialing River basin of the Yangtze River，Southwestern China. Catena，193：104593.

ZHANG Q, XU C Y, BECHER S，et al，2006. Sediment and runoff changes in the Yangtze River basin during past 50 years [J]. Journal of Hydrology，331：511 - 523.